Hablar sobre lo que no existe

Perspectivas hispánicas

Vol. 49

Gemma López Canicio

Hablar sobre lo que no existe

Ficción, arte y literatura desde las Ciencias Cognitivas

PETER LANG

Lausanne - Berlin - Bruxelles - Chennai - New York - Oxford

Imagen de portada: Forro: Gilbert Ummel – Neuchâtel (Suiza).

Library of Congress Control Number: 2024947844

Esta publicación ha sido revisada por pares.

Publié par Peter Lang Group AG, Lausanne, Suisse

info@peterlang.com http://www.peterlang.com/

ISSN 2235-6894
ISBN 978-3-0343-5306-9
ePDF 978-3-0343-5307-6
ePub 978-3-0343-5308-3
DOI 10.3726/b22403

Information bibliographique publiée par « Die Deutsche Bibliothek »
« Die Deutsche Bibliothek » répertorie cette publication dans la « Deutsche Nationalbibliografie » ; les données bibliographiques détaillées sont disponibles sur le site <http://dnb.ddb.de>.

A mis padres, Ilumi y José Luis, por ser mi aliento.
A Juanjo, por haber recorrido conmigo este camino.

AGRADECIMIENTOS

Este libro no hubiera sido posible sin la inestimable ayuda de los Profs Tomás Albaladejo Mayordomo y Francisco Chico Rico, a quienes hoy y siempre consideraré mis maestros.

Junto a ellos, comencé hace ya una década la andadura de estudiar la naturaleza de aquello que *no existe* pero que, sin embargo, es parte consustancial de la esencia del ser humano. Me aproximé a esta problemática de la ficción ávida de soluciones, pero el buen consejo de los profesores Albaladejo y Chico me ayudó a entender que el valor de la investigación no reside tanto el alcanzar respuestas definitivas, como en plantear preguntas oportunas.

Agradezco, también, al Prof. Pablo Valdivia el haberme enseñado que la multidisciplinariedad es clave para que el conocimiento especializado pueda desarrollarse de la forma más completa posible. Sin sus recomendaciones, jamás hubiera encontrado en las Ciencias Cognitivas un aliado para abordar el problema de la mentira poética.

CONTENIDOS

INTRODUCCIÓN
Una nueva estrategia para explicar el arte y la literatura

Todavía conservo el recuerdo vago de un marzo cualquiera en el que mi hermano me regaló por mi cumpleaños uno de los primeros libros que logré leer sola. Se titulaba *El caballito que quería volar*. La historia la protagonizaba un caballo de madera anclado a un tiovivo cuya cabeza –por un defecto de fábrica– siempre miraba al cielo. Esta tara hacía que el caballo fuera diferente del resto que formaban parte del carrusel y le condenaba a vivir en una profunda infelicidad: precisamente por hacerle capaz de conocer la espesura del cielo, le convertía en el único caballo consciente de las limitaciones que suponía estar destinado a permanecer, por siempre, fijado en la estructura de una atracción de feria.

Recuerdo haber leído el libro muchas veces seguidas y recuerdo emocionarme en casi todas ellas. Recuerdo también a mi madre abrazándome y diciéndome para serenarme 'no llores, cariño, que el caballito este no existe, no es de verdad. Lo que pasa en el cuento *es de mentira*'. Recuerdo haberme preguntado para mis adentros cómo algo que era *de mentira* podía hacerme sentir tan triste y por qué saber que ese caballito no existía no me hacía sentir mejor. Estas preguntas de una niña de unos cuatro o cinco años motivaron un interés que me ha acompañado durante toda mi vida y que, con los años, terminó por iniciarme en la investigación académica.

La Teoría literaria, la Poética tradicional, la Retórica y la Filosofía fueron las primeras disciplinas con las que me relacioné, en busca de respuestas para esta inquietud. Esta experiencia me enseñó que las dudas que pueden surgirle a cualquier niño durante el acto de lectura, la recepción de una película o el juego tienen mucho que ver con aquellas que teóricos de la literatura y críticos de arte han planteado a lo largo de la tradición durante el proceso de definir el concepto de ficción. Todas ellas parten de un mismo presupuesto, asimilado y heredado a través de nuestra tradición cultural y, en términos generales, indiscutido: lo que llamamos ficción se contrapone y excluye a lo que entendemos como realidad.

Esta asimilación ha condicionado plenamente la forma en la que se han definido y categorizado todas las manifestaciones artístico-literarias a lo largo de la historia y ha provocado el surgimiento de contrasentidos en definiciones y categorizaciones que han generado intensos debates en el ámbito académico.

Pensar en la ficción literaria como en algo que no es real llevó a Platón a expulsar a los poetas de su estado ideal y a algunos de los primeros apologetas cristianos a pensar que cualquier forma de literatura era falaz y dañina siempre que no hablara de Dios. A lo largo de la tradición, la asimilación verdad/ficción ha provocado que manifestaciones literarias como la lírica tardasen muchos siglos en verse plenamente reconocidas y en tener una posición consolidada en la clasificación de géneros literarios y también ha llevado a los teóricos de la literatura de los siglos XX y XXI a debatir en qué medida los estudios sobre poética deberían o no considerar textos como las crónicas, la autobiografía o las novelas de la no-ficción –entre otros– como formas literarias. En resumen, esta dualidad ha supuesto limitaciones empobrecedoras para muchas concreciones textuales que son encuadrables en el marbete que consideramos literatura.

Sin embargo, si desligamos el concepto de ficción de lo estrictamente artístico, nos daremos cuenta de que los efectos de la asimilación tradicional que contrapone ficción con realidad trascienden los problemas teóricos que se dan en el ámbito de los estudios sobre poética y las dudas primitivas que pueden surgir a cualquier niño durante el acto de recepción de una narración artística. Pensar que aquello que entendemos como una invención ficcional no es real y que es algo propio, únicamente, del arte, de la literatura y de los engaños lucrativos que consideramos mentiras nos ha conducido a identificar muchas veces como realidades naturales o biológicas –independientes del ser humano y de su consciencia– muchas de las invenciones culturales sobre las que hemos estructurado nuestra sociedad a lo largo de los siglos y que han tenido un severo impacto en nuestros entornos y en nosotros, los individuos humanos que los habitamos.

Por ejemplo, no identificamos como ficcionales o imaginativos los artículos que forman parte de nuestra Constitución y mucho menos diríamos que la *teoría de la relatividad* es una mentira. No obstante, todas estas realidades, que han condicionado nuestras vidas y han tenido un fuerte impacto en nuestro planeta, no existían materialmente en nuestros entornos antes de que las ideáramos, las plasmáramos por escrito y las diéramos a conocer a terceras personas, como tampoco existía el protagonista de *El caballito que quería volar*, quien, sin duda, también tuvo un cierto impacto en mí hace muchos años. Que no seamos capaces de reconocer que el capitalismo, como sistema, no es más real que Don Quijote implica que a veces tampoco seamos capaces de entender que afirmaciones como 'las mujeres limpian mejor que los hombres' o 'los hombres de raza negra son inferiores a los de raza blanca' –que tan negativamente han impactado en nuestra sociedad y que han perjudicado el bienestar de los individuos que la componen– son construcciones humanas que pueden ser cambiadas, sustituidas u olvidadas para favorecer el bienestar de los individuos a los que afectan y no hechos naturales inmutables, ajenos a nuestra consciencia.

Esta investigación teórica, que nació con unas preguntas sencillas a mi madre, continuó muchos años después con un par de trabajos –de fin de grado y de máster– basados en la Teoría literaria y una tesis doctoral en la que comencé a buscar respuestas en otras disciplinas que me permitieran abarcar la verdadera dimensión del problema, como son las Ciencias Cognitivas. Los resultados de esa investigación teórica se sintetizan en este libro, en el que propongo una nueva forma de comprender la invención como un ejercicio que está más allá de aplicaciones prácticas y literarias y que determina por completo la forma humana de relacionarse con el mundo. Desde esta perspectiva, planteo en este trabajo un nuevo modo de considerar el arte y la literatura que resulta representativo del funcionamiento cognitivo de la creatividad humana y que aspira a evitar las limitaciones y los contrasentidos que ha producido las explicaciones tradicionales e intuitivas sobre lo artístico. La literatura, como cualquier forma de arte, es una construcción cultural más de las tantas que el ser humano ha creado y que continúa creando a diario para favorecer su supervivencia. El reto consiste en comprender qué supone para nuestra existencia, por qué es importante y cómo se relaciona con el resto de realidades culturales que también se nutren de la invención.

Preguntas de investigación y metodología

Para hacer frente a este reto, es necesario plantear, en primer lugar, las preguntas que necesitamos responder para comprender qué implica ficcionalizar y cuál es el papel del arte y la literatura. Primeramente, necesitamos preguntarnos qué procesos, en concreto, siguen los seres humanos para inventar y comunicar lo que entendemos como invenciones o ficciones y qué elementos biológicos les permiten hacerlo. En segundo lugar, es necesario reparar en si las tradicionales definiciones de ficción –construidas sobre la dualidad ficción/realidad y restringidas al ámbito artístico– son representativas de los procesos cognitivos que seguimos para ficcionalizar. En tercer y último lugar, conviene cuestionar si las invenciones de la literatura son diferentes a las que integran otros discursos o creaciones culturales.

Responder estas preguntas requiere adoptar una metodología de estudio que implica aproximarnos a este reto desde una perspectiva que hasta ahora no se ha utilizado para describir el arte y lo literario. La tradicional forma de explicar lo artístico ha generado conocimiento a partir de la asunción dogmática de argumentos de autoridad de pensadores cuyas reflexiones se construyen sobre la reinterpretación y adaptación de ideas fijadas hace más de dos mil quinientos años. Esta forma de desarrollar saber es lo que se conoce como metafísica y utiliza como herramientas para constituirse discursos de lógicas intuitivas –como los logoteóricos o los dialécticos– que construyen explicaciones sobre hechos según los intereses de la lógica del contexto cultural del momento, sin contar con recursos con los que alcanzar resultados empíricos y estables.

Que durante toda la tradición hayamos estudiado el arte, la literatura y la ficción desde este enfoque metafísico ha tenido múltiples consecuencias: se han repetido doctrinalmente y sin cuestionamiento asunciones intuitivas que han provocado contradicciones; se han propuesto soluciones, también intuitivas e inestables, para estas contradicciones; esas mismas soluciones han sido rebatidas posteriormente desde otras lógicas diferentes, pero coherentes con otros contextos socioculturales... En definitiva, estudiar el arte y sus características ha implicado adoptar, durante siglos, una misma perspectiva de estudio centrada exclusivamente en el análisis de la obra artística, que parte de un conjunto de asunciones que no han sido cuestionadas y que han generado contrasentidos que han sido progresivamente parcheados con nuevas deducciones intuitivas.

Hemos asimilado y normalizado las consecuencias de un estudio intuitivo del arte, de la literatura y de la ficción como característica que se le ha asignado a lo literario. De hecho, se tiene la concepción general de que el saber humanístico no puede explicarse con las herramientas y los procesos que habitualmente utilizan otros campos del conocimiento, como las ciencias naturales, por ejemplo. Aunque existen ya investigaciones que comienzan a considerar el diálogo entre el saber humanístico y el científico-empírico, lo cierto es que la mayoría de las disciplinas que atienden al estudio de las artes –dentro de ellas se encuentra la actual

Poética moderna o Teoría de la Literatura–, salvo en contados casos, siguen sin considerar la literatura con el apoyo de otras disciplinas científico-empíricas.

La concepción general de que el arte y la literatura no pueden explicarse a través de herramientas y procesos empíricos evidencia la gran influencia que ejercen los prejuicios y tópicos tradicionales sobre nuestro pensamiento cultural actual. Hoy en día, aunque sabemos que el arte es un producto exclusivamente humano, seguimos explicándolo fuera de nuestras habilidades biológicas y cognitivas, casi de un modo esotérico, y continuamos conservando esa imagen del artista como un genio con una capacidad productiva que trasciende los límites de lo explicable por el ser humano. De hecho, existe una consideración social de que explicar el arte a través de la ciencia empírica conduce, irremediablemente, al empobrecimiento, la simplificación y la banalización de la inspiración artística.

Es, sin embargo, un error caer en el lugar común de considerar que la ciencia empírica implica la ambición por alcanzar una verdad absoluta. Dice el físico Carlo Rovelli que las respuestas dadas por la ciencia no son confiables por ser definitivas; precisamente son confiables porque no lo son[1]. Las ciencias empíricas, de hecho, nacen del cuestionamiento crítico de las asunciones en las que se nos ha invitado a confiar ciegamente, que son las que, paradójicamente, suelen presentarse como certezas absolutas e irrebatibles. La ciencia empírica no nace, por tanto, de la soberbia, sino de humildad que implica dejar de creer ciegamente en nuestro conocimiento pasado intuitivo y en lo que se acepta socialmente como correcto creer. La ciencia empírica responde directamente ante la ignorancia humana y su meta no es, como se pensó en el siglo XVIII, alcanzar respuestas definitivas, sino proponer las mejores respuestas posibles.

A principios del siglo XX nace una forma de estudiar la literatura que, cansada del relativismo romántico, propone comenzar a observar los textos desde la objetividad. Algunas disciplinas empíricas procedentes del ámbito de las Ciencias Cognitivas ofrecen instrumentos muy valiosos para alcanzar esa objetividad. Sin embargo, estas pretensiones objetivistas se han visto enturbiadas porque la mayoría de los teóricos y estudiosos del ámbito no han dejado de utilizar fórmulas intuitivas y fijadas en la

---

1 Carlo Rovelli, *Reality Is Not What It Seems. The Journey to Quantum Gravity*, trad. Simon Carnell y Erica Segre (UK: Penguin Random House, 2017), 230.

tradición que siguen funcionando como certezas categóricas en las que se exige confiar ciegamente[2]. En este libro, proponemos dejar de lado todos estos prejuicios tradicionales fijados y valorar el fenómeno artístico-literario y su supuesta naturaleza ficcional con el apoyo de los resultados de disciplinas científico-empíricas centradas en el estudio de la cognición humana. Estas disciplinas pueden aportar a los debates de la actual Teoría Literaria respuestas estables y funcionales –no por ello determinantes y absolutas– que superen los contrasentidos derivados de la perpetuación de tópicos intuitivos tradicionales. Las Ciencias Cognitivas nos habilitan para aproximarnos al estudio de lo que hasta ahora la filosofía ha llamado 'el sujeto' y de los procesos cognitivos que tienen lugar en él, sin los que no se podría dar la creación y la recepción de literatura ni de ningún tipo de arte u objeto cultural.

Esta nueva aproximación va a suponer un cambio de perspectiva desde el que vamos a estudiar el arte, no en atención al objeto artístico, sino al proceso de producción de los textos, desde unas estrategias discursivas propias de un modelo de saber científico que ofrece argumentos estables,

---

2 Hay que destacar que ya existen voces en el actual paradigma teórico-literario que han comenzado a observar el hecho literario en atención a la cognición humana. Un ejemplo es el Constructivismo Radical, que entiende la 'realidad objetiva' como una construcción humana que depende de la experiencia perceptiva del individuo. El Constructivismo radical encuentra sus referentes en el biólogo Humberto Maturana y el filósofo Francisco Varela y llega a la literatura a través de Siegfried Johannes Schmidt, quien propone una Ciencia Empírica de la Literatura desde la que poder alcanzar una sistematización teórico-metodológica capaz de describir, de forma unívoca, la creación literaria. Véase Humberto Maturana, *Erkennen: Die Organisation und Verkörperung von Wirklichkeit. Ausgewählte Arbeiten zur biologischen Epistemologie* (Braunschweing/Wiesbaden: Vieweg, 1985); Francisco Varela et al., *The Embodied Mind. Cognitive Science and Human Experience* (Cambridge: UK, The MIT Press, 1993); Siegfried J. Schmidt, 'Fictionality in Literary and Non-Literary discourse', *Poetics* 9/5–6 (1980), 525–546. doi: https://doi.org/10.1016/0304-422X(80)90005-4 y Siegfriend J. Schmidt, 'La auténtica ficción es que la realidad existe. Modelo constructivista de la realidad, la ficción y la literatura', en Antonio Garrido Domínguez, comp., Paloma Tejada Caller, trad., *Teorías de la ficción literaria* (Madrid: Arco/Libros, 1997), 207–238.

Otras aportaciones destacables al estudio de la literatura desde las Ciencias Cognitivas son la reciente propuesta neurohermenéutica de Renata Gambino y Grazia Pulvirenti y, en España, algunos trabajos sobre retórica como el de Alfonso Martín Jiménez (2014). Véase Renata Gambino y Grazia Pulvirenti, *Stori Menti Mondi. Approccio neuroermeneutico alla letteratura* (Milano, Mimesis, 2018) y Alfonso Martín Jiménez, 'La retórica clásica y la neurociencia actual: las emociones y la persuasión', *Rétor* 4/1 (2014), 56–83. doi: http://uvadoc.uva.es/handle/10324/4987.

con proyección empírica. Las disciplinas en las que nos apoyamos para fundamentar nuestras definiciones están englobadas en el paradigma de los Estudios Cognitivos, constituidos por la filosofía, la psicología, la inteligencia artificial, la neurociencia, la antropología cognitiva y la lingüística, que trabajan de forma conjunta y transversal. Todo este trabajo está articulado con un enfoque neurocientífico que nos permite estudiar los procesos cognitivos y conductuales que nos llevan ficcionalizar y a producir y recibir arte y de literatura desde una perspectiva biológica. También hemos considerado otras disciplinas como la psicología y la antropología cognitiva, que nos facilitan entender el funcionamiento de la cognición desde otros puntos de vista complementarios.

Aspiraciones y limitaciones

Construir este estudio sobre esta conjunción de disciplinas nos permite explicar qué son la literatura y la ficción desde una nueva visión que contempla el proceso de creación y de recepción literarias con apoyo de resultados, en gran medida, estables y funcionales. No obstante, esto no nos tiene que hacer confundir la naturaleza del trabajo que proponemos: que vayamos a fundamentar nuestro estudio en resultados de disciplinas científico-empíricas no convierte las conclusiones de esta investigación, inmediatamente, en evidencias completamente demostradas. De hecho, hay que destacar que, si bien la neurociencia, en lo que respecta al funcionamiento biológico del sistema nervioso, puede ofrecer resultados empíricos contrastados y medibles, no podemos decir lo mismo acerca del funcionamiento y de la estructuración de la experiencia cognitiva. Las descripciones teóricas de la neurociencia y la psicología acerca de las operaciones mentales que los seres humanos llevamos a cabo parten de la observación de los procesos biológicos y conductas humanas –respectivamente– que las originan, pero el avance técnico-científico todavía no nos permite llevar a cabo mediciones sobre ellas.

Conviene aclarar, por tanto, que esta propuesta no pretende plantear constataciones, sino proponer un escenario que pueda abrir una puerta a posibles comprobaciones. Este es un estudio fundamentalmente teórico para el que, indudablemente, utilizamos la intuición y la hipótesis para explorar nuevas posibles formas de comprender el funcionamiento de la ficción en la literatura. Las nuevas definiciones y modelos que planteamos, precisamente por estar basados en teorías que contemplan la demostración empírica de sus resultados, podrían dar lugar a futuras aplicaciones que pudieran constatar, refutar o matizar ideas que incluimos en esta propuesta. La intuición y la especulación, como veremos más adelante –por la relación con el tema que nos ocupa– es y ha sido, desde siempre, el motor de nuestro modo de conocer el mundo, pero sus resultados son más funcionales y estables cuando parten de comprobaciones anteriores y cuando, asimismo, se prestan a ser comprobados posteriormente. La intuición teórica, siempre y cuando se fundamente en evidencias contrastadas, es esencial para el desarrollo del conocimiento y allana y pavimenta el terreno para que, posteriormente, se puedan efectuar las pertinentes pruebas y mediciones.

PRIMERA PARTE

CEREBRO, COGNICIÓN E INVENCIÓN

CAPÍTULO UNO

Hablar sobre lo que no existe

Romper la dualidad realidad/ficción

En el ámbito del arte –en especial, en el arte que integra discursos que tradicionalmente hemos descrito como narrativos–, productores, receptores y estudiosos del fenómeno han destinado importantes esfuerzos a delimitar y explicar el estatus ontológico de las invenciones sobre las que se han construido gran parte de los productos culturales que hoy llamamos literatura, cine o –de más reciente creación– videojuegos. Si buscamos en Internet el nombre 'Luke Skywalker', su página de Wikipedia nos lo presenta como un personaje ficticio y el protagonista de la trilogía original de la saga *Star Wars*. Si buscamos 'Elizabeth Bennet', es descrita también como un personaje de ficción, en este caso perteneciente a la novela *Orgullo y Prejuicio*. Cuando buscamos 'Arthur Morgan', también lo encontramos referenciado como un personaje ficticio, protagonista del videojuego *Red Dead Redemption II*. La ficcionalidad es la característica común que define y determina a las entidades que representan estos tres nombres y que las distingue de otro tipo de entidades como Marie Curie, Martin Luther King o Immanuel Kant. Ahora bien, ¿qué implica para estos personajes ser ficcionales? La Real Academia Española define el término ficción como 'invención o cosa fingida'[3] y, asimismo, define fingir como 'dar a entender algo que no es cierto[4] o 'dar existencia ideal a lo que realmente no la tiene' e invención como 'engaño, ficción'[5]. De estas búsquedas podemos deducir, en síntesis, que lo que distingue a Luke Skywalker, Elizabeth Bennet y Arthur Morgan de Marie Curie, Martin

---

3 'Ficción', *Diccionario de la Real Academia Española*, https://dle.rae.es/ficci%C3%B3n?m=form.

4 'Fingir', *Diccionario de la Real Academia Española*, https://dle.rae.es/fingir?m=form.

5 'Invención', *Diccionario de la Real Academia Española*, https://dle.rae.es/invenci%C3%B3n?m=form.

Luther King o Immanuel Kant es que las primeras tres entidades no existen y no son ciertas, mientras que las tres últimas sí. A esta misma conclusión llegaríamos más rápido si preguntamos a nuestros familiares o amigos, por ejemplo, en qué se diferencian Harry Potter y Meryl Streep. Algunas de las posibles respuestas intuitivas que obtendríamos serían 'en que Harry Potter no existe y Meryl Streep sí' o 'en que Harry Potter no es real y Meryl Streep sí'.

Los estudios sobre arte han teorizado profundamente sobre esta cuestión a lo largo de los siglos, especialmente en el ámbito de la literatura por ser, quizá, el discurso explícitamente artístico-narrativo que ha circulado durante más tiempo entre las distintas culturas. La Poética tradicional y la moderna Teoría de la Literatura han explicado la ficción como una característica exclusiva de la narración de carácter artístico que supone la inclusión de un tipo de información en un texto que no puede ser considerada como verdadera y que, por tanto, es opuesta a lo que consideramos como realidad ontológica. La tradición occidental de estudios sobre literatura ha creado incontables definiciones y varias denominaciones para lo que hoy entendemos como ficción, atendiendo a las necesidades de los distintos contextos socioculturales. Casi todas estas definiciones académicas han partido de la consideración clásica del concepto. Los textos más antiguos que conservamos en los que la encontramos fijada con detalle pertenecen a Platón y son la *República* y el *Ion*. En estas obras, el filósofo griego define la literatura como una copia imperfecta de la realidad que puede inducir a engaño o equívoco a los lectores y que, por tanto, es perjudicial y debe ser abolida en el estado ideal que plantea[6]. Platón ubica el origen de la naturaleza corruptora de esta actividad en los mismos dioses quienes, dice, manipulan y confunden a los poetas a través de la inspiración[7].

Desde la Antigüedad Tardía hasta nuestros días, los estudiosos de la literatura han observado una y otra vez el hecho literario y sus particularidades a través de la definición de Platón y las de autores clásicos posteriores –como Aristóteles[8] y

---

6 Platón, *Diálogos. IV. República*, ed. Conrado Eggers Lan (Madrid: Gredos, 1986), 387b.

7 Platón, *Diálogos. I. Apología, Critón, Eutifrón, Ion, Lisis, Cármides, Hipias menor, Hipias mayor, Laques, Protágoras*, eds Emilio Lledó Íñigo, J. Calonge Ruiz y Carlos Carcía Gual (Madrid: Gredos, 1981), 534d, 534e.

8 Aristóteles, en su *Poética*, distingue las verdades de la literatura (generales) de las de los textos históricos (particulares). Con ello, articula su definición de ficción sobre la

Horacio[9]–, que, de forma explícita o implícita, fundamentaban sus explicaciones sobre la oposición ficción/realidad sobre la que se construye la defensa platónica de que la literatura engaña y corrompe cuando imita la realidad. Veámoslo a través de algunos ejemplos históricos:

Las *Poéticas* medievales adaptaron la visión engañosa que Platón tenía sobre la poesía a los intereses del cristianismo para defender que toda literatura que no tuviera un propósito moral y que no hablara sobre lo divino era nociva y atentaba contra los valores de Dios. Para estos autores, además, el poeta o literato era una suerte de figura divina a la que Dios le había concedido un poder especial. Encontramos fijadas estas ideas, primero, en autores de la Antigüedad Tardía como Quintiliano, Diómedes y Macrobio, más tarde, en los autores medievales de la patrística como Albertino Mussato, Fra Giovannino de Mantua o Lactancio[10].

En los Siglos de Oro la tradición de pensamiento platónico volvió a definir la ficción. Para los preceptistas, las invenciones de la literatura seguían siendo engaños –en este caso benignos– y la mayoría de ellos aceptaban como válido que el objeto de la literatura era contar aquello que no había sucedido. En esta línea, autores renacentistas como Ludovico Castelvetro señalaban que lo que distingue al poeta del historiador es que el primero construye su narración sobre lo 'irreal', lo 'inventado', lo 'maravilloso'[11]. Esta concepción de los relatos artísticos también es observable en la obra de Sebastiano Minturno:

> Y aunque los Poetas suelen mentir para suscitar maravilla en el ánimo de los demás, y también fingen y cantan cosas que se aprueban, ¿cuánto más se maravillarán de lo que no aprueban? Pero, si mienten estos singulares

---

dualidad excluyente 'realidad/ficción'. Véase Aristóteles, *Poética*, ed. Valentín García Yebra (Madrid: Gredos: 1974), 1451b, 5–7.

9 Horacio no plantea directamente en su obra el problema de la naturaleza engañosa de la ficción, pero, Según García Berrio, muchos comentaristas italianos vieron una falsa influencia directa de Aristóteles sobre Horacio e interpretaron en su *Ars Poetica* un desarrollo de la poética de la verosimilitud aristotélica. Véase Antonio García Berrio, *Formación de la teoría literaria moderna. La tópica horaciana en Europa* (Madrid: Cupsa Editorial, 1977), 170.

10 Ernst Robert Curtius, *Literatura europea y Edad Media latina, II*, trad. Margit Frenk Alatorre y Antonio Alatorre (México: Fondo de Cultura Económica, 2017), 306–311

11 Bernard Weinberg, *Estudios de poética clásica*, ed. Javier García Rodríguez, trad. Pedro Conde Parrado y Javier García Rodríguez (Madrid: Arco/Libros, 2003), 205–209.

autores que nombro frecuentemente y uso para testimoniar la doctrina, ¿cómo nos pueden enseñar?[12].

Durante la Ilustración se siguió considerando la literatura como una construcción tendente al engaño y contraria a la verdad. En las poéticas de autores como Charles Batteux encontramos las siguientes definiciones de lo artístico: 'De ahí concluyo que las artes [...] no son más que imitaciones [...] que no son en absoluto naturaleza pero que parecen serlo; así, la materia de las bellas artes no es lo verdadero'[13]. Los teóricos y filósofos románticos, como Hegel, entendieron que la información que incluyen las obras y textos artísticos no tiene el mismo carácter real que la que incluyen aquellos que no lo son y no pueden ser considerados como verdad:

> Lo falso está en que, entonces, la obra de arte ha de referirse a otra cosa, la cual se presenta para la conciencia como lo esencial, como lo que ha de ser, de modo que la obra de arte sólo tendría validez como un instrumento útil para la realización de este fin, que sería válido por sí mismo y se hallaría fuera de la obra de arte[14].

No obstante, es también cierto que a lo largo de la tradición múltiples autores se han pronunciado en contra de las acusaciones platónicas que identifican lo ficcional con lo falaz. La literatura ha sido –y continúa siendo– un artefacto cultural muy útil, en el que la mayoría de las sociedades culturales han encontrado usos y aplicaciones muy convenientes. Pensemos, por ejemplo, en el importantísimo papel que ha jugado la narración artístico-literaria para la difusión de la ideología cristiana en Occidente. No es de extrañar, por tanto, que los autores de la patrística intentasen matizar los argumentos de Platón para exculpar la literatura de este supuesto carácter falaz que el filósofo clásico le atribuyó. Así fue como los primeros apologetas decidieron que debía entenderse que toda literatura que estuviera al servicio de la doctrina cristiana servía a la verdad y sólo aquella que se apartaba del cristianismo –la pagana– era la que

---

12 Sebastiano Minturno, *Arte Poética*, 2 vols, ed. y trad. Mª del Carmen Boves Naves (Madrid: Arco/Libros, 2009), 235.

13 Charles Batteux, *Las bellas artes reducidas a un único principio*, ed. Romà de la Calle, trad. Josep Montaner Pérez y Benedicta Chilet (Valencia: Publicaciones de la Universitat de València), 50–51.

14 Georg Wilhem Friedrich Hegel, *Lecciones de estética I*, trad. Raúl Gabás (Barcelona: Ediciones Península, 1989), 54.

resultaba engañosa y peligrosa[15]. Tampoco es de extrañar que durante los Siglos de Oro lo que hoy entendemos como ficción recibiera la denominación general de 'mentira poética' –el adjetivo 'poética' matizaba y suavizaba el efecto lesivo de los supuestos engaños que suponía esta actividad– o que durante el siglo XVIII algunos teóricos –como Alexander Gottlieb Baumgarten– tuvieran una visión utilitarista de la literatura y pusieran sus *mentiras* al servicio del didactismo del que se sirvió la Ilustración para apoyar su búsqueda de la Verdad total que se esperaba alcanzar a través del método científico[16]. La presuposición de que la literatura cuenta mentiras que son lesivas para los lectores ha sido, por tanto, convenientemente matizada y desmentida a lo largo de los siglos, pero, paradójicamente, seguir explicando la literatura a través de Platón y del resto de autores clásicos greco-latinos que bebieron de su obra ha implicado continuar validando la oposición sobre la que se cimienta esta idea –mímesis/realidad son dos conceptos excluyentes entre sí–, la cual, a día de hoy, sigue conduciendo a teóricos de la literatura de la mayoría de corrientes y escuelas[17] a aceptar la premisa de que aquello que es ficcional no puede ser considerado como real.

Aunque en la actualidad, en términos generales, ni académicos especializados en el estudio del arte ni ciudadanos de a pie perciben la literatura como un discurso lesivo y, por tanto, censurable por su carácter potencialmente engañoso, la asunción de que lo ficcional es aquello que no es real continúa generando problemas y contrasentidos que suelen ser

---

15 Ernst Robert Curtius, *Literatura europea y Edad Media latina, II*, 631–647.

16 Alexander Gottlieb Baumgarten, *Reflexiones filosóficas acerca de la poesía*, ed. Antonio Míguez (Buenos Aires: Aguilar, 1975), 60–61.

17 Podemos encontrar ejemplos en obras de múltiples teóricos de los siglos XX y XXI. Aquí algunos: Erich Auerbach, *Mimesis. La representación de la realidad en la literatura occidental*, trad. Ignacio Villanueva y Eugenio Ímaz (México: Fondo de Cultura Económica, 2017), 182; Lubomír Doležel, *Heterocósmica. Ficción y mundos posibles*, trad. Féliz Rodríguez (Madrid: Arco/Libros, 1999), 10; Marie-Laure Ryan, 'Mundos posibles y relaciones de accesibilidad: una tipología semántica de la ficción', en Antonio Garrido Domínguez, comp., Antonio Ballesteros González, trad., *Teorías de la ficción literaria*, (Madrid: Arco/Libros, 1997), 182; Kendall Lewis Walton, 'How Remote are Fictional Worlds from the Real World?', *The Journal of Aesthetics, Arts and Criticism* 37/1 (1978), 21; Wolfgang Harshaw, 'Ficcionalidad y campos de referencia', en Antonio Garrido Domínguez, comp., Eugenio Contreras, trad., *Teorías de la ficción literaria*, (Madrid: Arco/Libros, 1997), 126; Susana Reisz de Rivarola, 'Ficcionalidad, referencia y tipos de ficción literaria', *Lexis* 3/2 (1979), 120–121 y Käte Hamburger, *La lógica de la literatura*, trad. José Luis Arántegui (Madrid: Visor, 1995), 18.

atendidos en distintos debates teóricos[18]. Las discusiones que aparecen en torno a los textos literarios dedicados a relatar hechos que han sucedido son un buen ejemplo de ello. Estas discusiones han llevado a muchos a cuestionar la pertinencia de que estos textos sean considerados como literatura y, por tanto, a excluirlos de las clasificaciones de géneros o desplazarlos a un lugar periférico, como textos poco representativos dentro del paradigma literario. Esto ha afectado a la consideración de manifestaciones textuales como la biografía, la autobiografía, la novela de la no-ficción, la poesía lírica, el ensayo y, en algunos casos, a algunos textos con pretensiones historicistas o periodísticas en las que se han identificado rasgos típicos de la literatura.

Al hilo de este debate, algunos teóricos proponen soluciones que facilitan la inclusión de este tipo de textos en el paradigma literario. Por ejemplo, Francisco Álamo Felices distingue la ficcionalidad como una cualidad propia y exclusiva de los textos literarios, pero no indispensable para que se dé la literatura, pues no todos los textos literarios presentan las mismas condiciones para su desarrollo[19]. Con esta definición, el autor amplía los márgenes de lo que se considera literatura y permite considerar en el espectro de lo literario todas las obras que se incluyen en los géneros mencionados en el párrafo anterior. Ahora bien, esta solución, que acepta que existe literatura sin ficción, continúa planteado dudas: ¿No está ficcionalizando Rodolfo Walsh en *Operación masacre* cuando reconstruye, en forma de diálogo y de manera íntegra, las conversaciones que cruzaron los protagonistas de los fusilamientos que relata en su novela de la no-ficción? ¿No ficcionaliza cuando nos transmite lo que pensaron y sintieron antes de morir personas a las que no ha podido entrevistar porque ya no están vivas? *Operación masacre* es un texto con estructura novelística, pero este tipo de recursos que la literatura utiliza –y que exigen invención por parte del autor del texto– no aparecen sólo en obras cuyas estructuras son fácilmente clasificables dentro de los géneros literarios. También aparecen con frecuencia en otros textos con un férreo compromiso con la realidad, como artículos periodísticos o crónicas históricas y,

---

18 Para un seguimiento más detallado al respecto del tratamiento tradicional y contemporáneo de la ficción como un concepto excluyente del de realidad, véase Gemma López Canicio, 'Realidad y Ficción: Historia, teoría y crítica de la dualidad', Tesis doctoral (Madrid: Universidad Autónoma de Madrid, 2020).

19 Francisco Álamo Felices, 'El concepto de ficcionalidad: teoría y representaciones textuales', *Revista de Literatura* 151 (2014), 18.

por supuesto, en otro tipo de discursos, como los documentales cinematográficos. ¿Puede existir, entonces, literatura sin ficción?

El trabajo de Hayden White aborda esta cuestión y va un paso más allá en su estudio teórico sobre los textos históricos. White se pregunta si puede existir historia sin ficción. Su conclusión es que resulta erróneo entender la historia como una réplica de unos hechos ocurridos y define la disciplina histórica, no como un modelo de acontecimientos y procesos pasados, sino como un conjunto de enunciados de naturaleza metafórica que relacionan estos procesos pasados con el tipo de relato que generalmente empleamos para dotar a los sucesos de nuestras vidas de significados culturalmente reconocidos[20]. Según White, el historiador llena sus relatos de significados simbólicos y, con ello, elabora una traducción de los hechos ocurridos para la que, necesariamente, se vale de la ficción[21].

Entonces, si en los mismos textos históricos son rastreables y reconocibles las invenciones de los autores, ¿significa eso, no sólo que toda la literatura y otros discursos explícitamente artístico-narrativos son ficcionales, sino que la ficción no es una característica exclusiva del arte? ¿Podría tener sentido esta afirmación? Adelantamos: sólo si ponemos fin, de una vez, a la asunción de que lo ficcional es opuesto o excluyente de lo que consideramos real.

No obstante, para acabar con esta asunción primero tenemos que observar con otros ojos lo que en narración artística hemos llamado ficción y que clásicamente hemos entendido como una cualidad exclusiva del arte y de la literatura. Asumiendo que la ficción es una característica intrínseca a la narración artístico-literaria que permite hablar sobre personajes, eventos y objetos no ocurridos ontológicamente –y que, por tanto, nunca se considerarán reales–, parece coherente decir, por ejemplo, que Gandalf el Gris no es una entidad real, sino una entidad ficcional, inventada y representada en un texto con un propósito artístico. Esta asunción nos lleva a entender a Gandalf como un ser como una naturaleza opuesta a lo real, lo que significa que este mago inventado por J. R. R. Tolkien no puede intervenir ni afectar nuestro entorno real. Ahora bien, ¿diríamos que los veinte euros que nos pide nuestro librero por un ejemplar de *La*

---

20 Hayden White, *El texto histórico como artefacto literario*, trad. Verónica Tozzi y Nicolás Lavagnino (Barcelona, Paidós, 2015), 119–120.

21 White, *El texto histórico*, 126.

comunidad del anillo –obra en la que aparece este personaje–se oponen a la realidad y no inciden sobre ella por ser una invención?

El dinero, como Gandalf, es una invención imaginaria ideada por el ser humano, aunque en este caso con una finalidad distinta: la de asignar valor a los bienes y a los servicios materiales que las personas poseemos y permitir su intercambio. El historiador Yúval Noah Harari habla sobre ello y define el dinero como una creación que fue el producto de una revolución mental y ocasionó la aparición de una nueva realidad intersubjetiva[22] existente únicamente en la imaginación de la gente[23]. Para fijar esta nueva realidad mental, las sociedades crearon objetos materiales que representasen el valor imaginario del dinero –monedas, billetes, cheques bancarios…–, aunque sabemos que, en la actualidad, el 90 por ciento del dinero del mundo no está representado físicamente, sino que es sólo información almacenada en ordenadores[24]. Por tanto, de igual forma que Gandalf el Gris queda fijado y representado en la materialidad –a través del lenguaje– en un texto, el dinero puede quedar fijado y representado, por ejemplo, en billetes. Esto significa que las unidades léxicas 'Gandalf' y 'veinte euros' refieren no a una realidad material, sino a una creación psicológica que, además, es compartida en sociedad por muchas personas que no necesariamente han tenido que establecer un contacto previo entre sí para conocerlas. El librero nos ha pedido veinte euros por *La comunidad del anillo* y lo ha hecho asumiendo que estaríamos en disposición de poseer el conjunto de billetes y monedas que representan ese valor y que sabríamos cómo utilizarlos. Del mismo modo, sin conocer al librero, nosotros sabemos que es muy probable que sepa quién es Gandalf el Gris, como también nosotros podemos saberlo sin todavía haber leído la obra que acabamos de comprar. Tanto el librero como nosotros compartimos, sin necesidad de conocernos, conocimiento sobre objetos que han sido inventados y compartidos en sociedad. No obstante, si bien no parece descabellado afirmar que Gandalf el Gris no es real,

---

[22] Harari llama a las realidades imaginarias como el dinero 'realidades intersubjetivas' o 'realidades culturales' y dentro de este marbete engloba a todas las creaciones que sólo existen en la mentalidad colectiva de la sociedad. Este concepto nos será de mucha utilidad y lo explicaremos con profundidad más adelante.

[23] Yuval Noah Harari, *Sapiens. A Brief History of Humankind*, trad. Yuval Noah Harari, John Purcell y Haim Watzman (Falkirk: Penguin Random House, 2015), 197.

[24] Harari, *Sapiens*, 197.

decir lo mismo sobre los veinte euros que acaban de salir de nuestra cartera parece, de entrada, un sinsentido.

A diferencia de lo que ocurre con entidades como Gandalf, el dinero es una construcción imaginaria cuya existencia real es comúnmente aceptada y, de hecho, no nos cuesta reconocer el enorme impacto que ejerce en nuestra realidad cotidiana y las consecuencias que tiene sobre nosotros mismos, como individuos; sobre el colectivo de humanos que entendemos como sociedad; sobre nuestros entornos y sobre otros seres vivos que también los habitan. Esto nos conduce a plantearnos una serie de preguntas: ¿qué diferencia ontológica hay entre invenciones como el dinero e invenciones como Gandalf? ¿Estamos seguros de que los personajes ficcionales no condicionan de algún modo a los individuos que conforman la sociedad y a los entornos que éstos habitan? ¿Los mecanismos cognitivos –eso que comúnmente distinguimos como imaginación– que hemos empleado para asignarle un valor a *La comunidad del anillo* son diferentes a los que utilizamos para crear personajes como Gandalf?

Hasta ahora, los estudios de literatura, cine o videojuegos han utilizado el término ficción para identificar las invenciones sobre las que se construyen estos discursos artístico-narrativos y a lo largo de toda la tradición se ha aceptado sin reservas que la ficción es una característica exclusiva de la narración artística. Tanto es así que, aunque en algunas ocasiones se ha propuesto considerar la existencia de literatura sin ficción, no se ha hablado extensamente sobre la posibilidad de que la ficción no fuera una cualidad propia, únicamente, de la literatura y de otros discursos artístico-narrativos. Sin embargo, a partir de estas reflexiones, nosotros nos preguntamos: ¿realmente la ficción artística es diferente de otros tipos de invención que carecen de propósito artístico? ¿De verdad las invenciones del arte no impactan en los entornos y en las personas que forman parte de lo que llamamos realidad? ¿Es Harry Potter menos real que el valor de una vivienda o que la distinción *honoris causa*?

Para resolver estas preguntas necesitamos dejar de considerar las invenciones de la literatura desde definiciones sustentadas sobre la asunción –consecuencia del pensamiento de Platón– de que lo ficcional es distinto, opuesto, o excluyente de nuestro mundo ontológico. Por eso, en este trabajo vamos a desplazar nuestro enfoque de estudio del tradicional análisis del objeto o la obra artístico-narrativa y lo vamos a centrar en el estudio de los procesos cognitivos que tienen lugar en los sujetos productores y receptores para que el objeto artístico pueda existir. Dicho de otro modo: vamos a dejar de estudiar, en sí, las invenciones de la literatura, el cine o los videojuegos a través de las definiciones que la tradición ha propuesto sobre ellas y vamos a empezar a estudiar los procesos que nos permiten crear, compartir y recibir estas invenciones.

La Revolución Cognitiva y hablar sobre lo que no existe

La habilidad de inventar –con fines artísticos o sin ellos– es, quizás, una de las principales capacidades y características en las solemos vernos reconocidos como seres humanos y diferenciados del resto de especies animales que coexisten en el planeta con nosotros. Para entender la forma en la que la utilizamos para crear arte es necesario primero comprender su origen y su desarrollo.

Estudios científicos sobre hallazgos arqueológicos revelan que las primeras evoluciones humanas (*homo)* tuvieron lugar en África Oriental, alrededor de 2.5 millones de años atrás, y derivaron de un género primigenio de primates; los *Australopithecus* (primates del sur), quienes, aproximadamente, hace 2 millones de años se embarcaron en viajes durante los que se asentaron en el norte de África, Europa y Asia. Para adaptarse a sus nuevas condiciones medioambientales y climáticas, estas poblaciones primigenias evolucionaron de diferentes formas y dieron lugar a varias especies de *homo*: en Europa y Asia occidental, *Homo neanderthalensis* –comúnmente conocidos como neandertales–; en las regiones más orientales de Asia, *Homo erectus*; en la isla de Java en Indonesia, *Homo soloensis*, en otra isla de Indonesia, *Homo floresiensis*… Asimismo, numerosos hallazgos en África Oriental demuestran que la evolución allí tampoco se detuvo: se han identificado distintas especies que han sido acuñadas con nombres como *Homo rudolfensis, Homo ergaster*… Entre ellas, se identificó al *Homo sapiens.*

Todas estas variantes evolutivas, pese a sus diferencias, entran dentro de la especie *homo* y sus individuos son considerados como seres humanos[25] porque comparten, aunque de diferentes modos y en diferentes niveles, un rasgo común que parece diferenciarles del resto de

---

[25] Apunta Harari que es común ordenar las distintas especies de *homo* en una línea descendente que conduce al *Homo neanderthalensis* a evolucionar en el *Homo sapiens.* Sin embargo, este modelo lineal produce la impresión errónea de que las diversas especies de *homo* nunca coexistieron y que todas ellas fueron sólo modelos viejos del *Homo sapiens.* La realidad es que desde hace dos millones de años hasta 10.000 años atrás varias especies de humanos convivieron en el mundo.

mamíferos: la capacidad cerebral[26]. Sin embargo, no debemos confundirnos: lo realmente distintivo, en el caso de los *homo*, no es el tamaño de su cerebro –proporcionalmente, los *homo* han resultado ser de los mamíferos con cerebros más grandes[27]–, sino la eficiencia y sostenibilidad con la que funciona con respecto a los de otros mamíferos, la cual aumenta y se refina en las diversas especies evolucionadas de *homo* que surgen. Por ejemplo: si bien el cerebro del *Homo sapiens* supone entre el 1 y el 2 por ciento del peso de su cuerpo, consume, sólo en reposo, el 25 por ciento de su energía. Refinamientos como este, en conjunto, permitieron a las distintas especies de *homo* –en distintas medidas– usar y construir herramientas y acceder al aprendizaje de complejas habilidades y estructuras sociales, que, muy a la larga, supusieron grandes ventajas para su proliferación y perpetuación en el planeta. Esta es la evolución que en los últimos 100.000 años ha aupado al ser humano al vértice de la cadena alimenticia[28].

Sin embargo, hay que considerar que la evolución cerebral que ha llevado al ser humano a ser la especie dominante no llegó de la noche a la mañana, sino que fue lenta y progresiva. Hoy sabemos que la variedad de *homo* a la que pertenecemos, el *Homo sapiens*, surgió hace 150.000 años y que las habilidades cognitivas que le caracterizaron pudieron contribuir, a la larga –directa o indirectamente– a la extinción del resto de variantes de *homo*, alrededor de 70.000 años atrás. No obstante, no encontramos muestras en los hallazgos arqueológicos que indiquen que las habilidades cognitivas de los primeros *Homo sapiens* –en lo que respecta a la creación de herramientas, estructuras sociales...– fueran tan sofisticadas como las que poseemos actualmente o muy diferentes como las del resto de *homo* con los que convivían, a pesar de que la apariencia física de estos primeros *Homo sapiens* era muy similar a la nuestra y sus cerebros tenían también el mismo tamaño que el del *Homo sapiens* actual.

A través de los hallazgos, arqueólogos e historiadores deducen que fue aproximadamente hace 70.000 años cuando el *Homo sapiens* empezó a desarrollar comportamientos únicos que implicaban un hecho que, hasta entonces, no se había dado en otros mamíferos: la comunicación

---

26 Harari, *Sapiens*, 5–8.

27 Los primeros *homo*, hace más de dos millones de años, ya tenían cerebros de unos 600 centímetros cúbicos, cuando lo normal para un mamífero de sesenta kilogramos era disponer de uno de unos 200 centímetros cúbicos.

28 Harari, *Sapiens*, 5–13.

de información sobre objetos y eventos que, en principio, no tienen materialidad en el entorno. Así, entre 70.000 y 30.000 años atrás, junto con la creación de los primeros barcos, lámparas de aceite, arcos, flechas y agujas, aparecieron las primeras evidencias de la religión, el comercio y la estratificación social[29]. La aparición de esta habilidad es un fenómeno que se ha entendido dentro de la Revolución Cognitiva que, según especulan algunas hipótesis no comprobadas, pudo deberse a la mutación de ciertos genes relativos a la estructura cerebral del *Homo sapiens*, lo cual permitió a la especie pensar de una forma sin precedentes. A esta supuesta mutación se suma la intervención de factores ambientales y sociales a los que este tipo de *homo* tuvo que adaptarse y que, por tanto, condicionaron el posterior desarrollo de las capacidades cognitivas que habilitaban estas nuevas estructuras cerebrales[30]. Eso significa que, si bien en el desarrollo de nuestra consciencia la selección natural y la genética tuvieron un papel fundamental, lo cierto es que no lo son todo. La adaptación jugó un rol importante y la Revolución Cognitiva no puede entenderse como una explosión súbita y repentina de conocimiento, sino que ha de comprenderse como un proceso gradual en el que intervinieron, también, circunstancias ambientales y sociales[31].

Estos cambios, a la larga, permitieron que la especie se comunicase a través de un nuevo tipo de lenguaje mucho más sofisticado que posibilitaba conectar un número limitado de sonidos y signos para producir un número ilimitado de oraciones, cada una con un significado distinto, bien para recibir, almacenar y comunicar información acerca del mundo –tanto en un nivel interno como externo[32]– bien para

---

29 Harari, *Sapiens*, 23.

30 Harari, *Sapiens*, 23–26.

31 David Lewis-Williams, *La mente en la caverna*, trad. Enrique Herrando Pérez (Madrid: Akal, 2019), 100–101.

32 A lo largo de este libro nos referimos en múltiples ocasiones a los entornos o mundos externos e internos a nuestro organismo. El entorno externo a nuestro organismo está compuesto por los espacios, objetos y eventos exteriores a nuestro cuerpo, mientras que el entorno interno de nuestro organismo está conformado por los espacios, objetos y eventos que tienen lugar dentro de nuestro organismo. El tratamiento que hacemos de estos dos conceptos es parecido al de autores como Antonio Damasio o Daniel C. Dennett, entre otros. Véase Antonio Damasio, *The Strange Order of Things. Life, Feeling and the Making of Cultures* (New York: Pantheon Books, 2018) y Daniel C. Denett, *Consciousness Explained* (USA: Penguin Books, 1993).

compartir información acerca de este mundo y del propio ser humano[33]. Sin embargo, si bien esta Revolución Cognitiva trajo consigo incalculables mejoras y desarrollos en lo que respecta a la comunicación de información sobre el mundo interno y externo al propio *Homo sapiens*, la característica realmente significativa y revolucionaria que nos aportó este desarrollo del lenguaje humano no es la transmisión de información sobre cosas que existen, sino la transmisión de información sobre cosas que no existen, carente, en complejidad, en otros tipos de *homo*:

> Legends, myths, gods and religions appeared for the first time with the Cognitive Revolution. Many animals and human species could previously say, 'Careful! A lion!' Thanks to the Cognitive Revolution, *Homo sapiens* acquired the ability to say, 'The lion is the guardian spirit of our tribe.' This ability to speak about fictions is the most unique feature of Sapiens language [...]. But fiction has enabled us not merely to imagine things, but to do so *collectively*[34].

> [Las leyendas, los mitos, los dioses y las religiones aparecieron por primera vez con la Revolución Cognitiva. Antes de ella, muchos animales y especies de humanos podían decir, '¡Cuidado! ¡Un león!' Gracias a la Revolución cognitiva, el *Homo sapiens* adquirió la habilidad de decir, 'El león es el espíritu guardián de nuestra tribu.' Esta habilidad para hablar sobre ficciones es la característica más única del lenguaje de los Sapiens [...]. Pero la ficción no sólo nos ha habilitado para imaginar cosas, sino también para hacerlas de forma *colectiva*][35].

Sin esta habilidad para comunicar en sociedad información relativa a cosas que no tienen una existencia material, habría sido imposible tanto la creación de los sistemas económicos como la de cualquier mito religioso[36], acuerdo social, novela, película o poema. Esta habilidad –que ya

---

33 De acuerdo con Harari, los investigadores apoyan dos teorías distintas sobre las causas que motivaron el desarrollo de la comunicación humana. La primera defiende que este desarrollo responde a la necesidad de recibir, almacenar y compartir información útil sobre el entorno para la supervivencia. La segunda (muy seguida por múltiples investigadores), sostiene que es el propio reconocimiento humano de sí mismo (el hablar de uno mismo y de los demás) lo que motiva este desarrollo comunicativo.

34 Harari, *Sapiens*, 27.

35 Todas las traducciones han sido realizadas por la autora, a excepción de los casos en los que se indique lo contrario.

36 Véase Daniel C. Denett, *Breaking the Spell. Religion as a Natural Phenomenon* (USA: Penguin Books, 2007).

Harari entiende como la capacidad de ficcionalizar–, como sabemos, es un constituyente identificativo de la literatura, pero es también nuclear en otro tipo de actividades –política, economía, ideología...– que, en principio, parecen no tener nada que ver con lo que entendemos como arte y que han sido claves para la estructuración de nuestra sociedad cultural. Si hoy en día podemos identificar de forma aproximada el momento en el que la especie humana empieza hablar sobre cosas que no existen es gracias a que hemos encontrado vestigios arqueológicos del Paleolítico superior que sólo pudieron ser creados gracias a esta habilidad y que, por su proximidad con lo que consideramos arte, han puesto en entredicho la comprensión tradicional de este concepto.

En la actualidad –y de forma general– seguimos entendiendo que el arte como una producción humana elevada que es consecuencia de una sensibilidad estética. El arte, dependiendo de a qué investigador que se le pregunte –y del contexto sociocultural en el que se encuentre inserto–, puede tener varias funciones y utilidades. Por ejemplo, la tradición de estudios sobre poética, a través de un pensamiento intuitivo, le ha atribuido a la literatura distintos fines y funciones, según distintos intereses histórico-culturales. Durante la Edad Media se le adscribe a la literatura un fin puramente instructivo y doctrinal, mientras que durante los Siglos de Oro se le comienza a asignar una finalidad hedonista que, más tarde, durante el Romanticismo, se defiende hasta las últimas consecuencias. Esta idea del arte como actividad elevada llevó a muchos investigadores a negar el carácter artístico de estas primeras representaciones parietales, que fueron justificadas como el resultado de la inactividad y del ocio:

> Afirmaban que las condiciones ambientales del Paleolítico superior produjeron una abundancia de animales que facilitaron la caza y, de ese modo, a pesar de su primitivismo, la gente tuvo mucho tiempo de ocio durante el cual pudieron adornarse a sí mismos, decorar sus utensilios y sus de otro modo monótonos hábitats. El arte, pues, había nacido del ocio: las imágenes se hicieron por puro placer, diversión [...]. El arte del Paleolítico superior [...] no tenía ningún contenido simbólico, era, de acuerdo con los ideales románticos, esencialmente una actividad individual más que social. Este rechazo de la interpretación simbólica del arte del Paleolítico superior y el énfasis en la «inspiración» individual tenían su origen en la creencia de que no parecía posible que una gente tan primitiva pudiera haber tenido una religión.[37]

[37] Lewis-Williams, *La mente en la caverna*, 44.

Existe, pues, una preconcepción intuitiva y socialmente aceptada de las diferentes artes como los resultados de una inspiración esotérica e inexplicable, muchas veces vinculada con la divinidad a lo largo de la historia que incluso ha condicionado la percepción de muchos investigadores de las capacidades cognitivas de las primeras sociedades parietales. Esta preconcepción intuitiva es la que determina, desde una lógica no demostrable, que estos primeros *Homo sapiens* debían ser considerados como bárbaros con habilidades cognitivas muy inferiores a las nuestras, incapaces de representar ningún contenido simbólico. Desde esta lógica se explica cómodamente la causa de que estas primeras representaciones no gocen de la complejidad estética de las que hoy somos capaces de producir. Según Lewis-Williams, 'esta argumentación infiere un estado mental a partir del arte, y después se utiliza para explicarlo sin ninguna otra prueba que lo apoye'[38], o lo que es lo mismo: esta explicación, como ocurre con las teorías preceptivas sobre literatura y la mayor parte de la Poética moderna, parte del objeto artístico construido para definir qué es el arte y luego se aplica esta definición para dar una explicación no demostrable sobre el proceso cognitivo que lo produce.

No obstante, cada vez más estudios atestiguan que esta lógica intuitiva falla en su planteamiento. Trabajos como el de James Frazer[39] ya ahondan en la idea de que el hombre parietal sí disponía de un sistema religioso y que muchas de sus representaciones que nos negamos a considerar arte –por no encajar en la visión tradicional del concepto– están vinculadas a creencias y mitos que encierran un simbolismo complejo. Es decir, están vinculadas a invenciones que no hubieran sido posibles la habilidad exclusiva del *Homo sapiens* de hablar sobre lo que no tiene materialidad física en nuestro mundo ontológico. El arte parietal nace de la necesidad de fijar esas invenciones en espacios materiales, los cuales son escogidos muchas veces dependiendo del tipo de invención y de las funciones que se le adscriben[40].

Un breve repaso antropológico por los vestigios que aún conservamos de los primeros *Homo sapiens* evidencia que no sólo hablamos sobre lo que no existe –mejor dicho, no sólo hablamos sobre lo que no tiene

---

38 *Ibid.*

39 James Frazer, *La rama dorada*, trad. Óscar Figueroa Castro (México: Fondo de Cultura Económica, 2011).

40 Por ejemplo, hay espacios, como cuevas, en los que parece ser que estas construcciones imaginarias fijadas tenían un carácter religioso.

materialidad física en nuestro entorno– cuando creamos narraciones artísticas. Esta capacidad es la que parece habernos distinguido del resto *homo* y la que, a la larga, según los investigadores, nos empujó a ser una de las especies dominantes del planeta.

La perceptibilidad del impacto de nuestras invenciones

Las observaciones y preguntas que venimos desarrollando hasta el momento nos dan razones para pensar que el ser humano no sólo ficcionaliza cuando construye narraciones artísticas como las de la literatura, como han considerado hasta ahora la Poética tradicional y la actual Teoría Literaria. Lo que entendemos como ficción parece ser una actividad que nuestra variante evolutiva ejecuta con muchos fines –y, como veremos, con mucha más frecuencia de lo que pensamos–, la cual es posible gracias a la evolución biológica y a la adaptación al medio que sufrió nuestra especie y que trajo, al parecer, numerosos beneficios que aventajaron al *Homo sapiens* frente a mamíferos de otras especies.

Ahora bien, hemos apuntado que, hasta ahora, cierto tipo de invenciones –como la economía, pero también la religión, la ideología, las jerarquías...– se resisten a ser consideradas socialmente como objetos inexistentes, a diferencia de lo que ocurre con los personajes que hablan en las novelas o en el cine. Pensamos que esto podría deberse a que el impacto y las modificaciones que estas invenciones ejercen sobre el entorno son más evidentes y, por tanto, más fácilmente reconocibles que las del arte o las de la literatura.

Resulta observable que algunas de las invenciones que el hombre ha compartido en sociedad han condicionado y siguen condicionando diariamente la materialidad del entorno que nos rodea, aunque de formas diferentes. Estos condicionamientos no sólo dependen de la naturaleza de estas invenciones, sino también de otros factores. Por ejemplo, consideremos el efecto de las religiones como invenciones que surgen y se comparten, en un inicio, para encontrar una explicación lógica –aunque no demostrada– de ciertos efectos naturales que tienen lugar y para los que no encontramos una causa en el entorno material. Estas invenciones adquieren fijación material en libros, esculturas, estructuras arquitectónicas, lienzos o incluso en objetos litúrgicos o en complementos –medallas, cruces, escapularios...–que los fieles lucen y con los que identifican sus creencias religiosas–; han servido para ordenar la sociedad y, a lo largo de la historia, han dado lugar a conflictos armados que han determinado la vida de un gran número de personas. En definitiva, las religiones han provocado muchos eventos que han determinado el devenir de la humanidad, pero no todas lo han hecho del mismo modo ni han tenido el mismo impacto en nuestro entorno externo. La incidencia de cada una de ellas en lo que entendemos como realidad ha sido diferente según el lugar y las circunstancias del contexto. Por ejemplo, en el caso de la religión cristiana, sabemos que, si bien la vida del hombre medieval occidental se regía por una legislación enteramente basada en sus valores ideológicos, en el siglo XXI la legislación de los países occidentales ya no se fundamenta explícitamente sobre ellos.

Quizá nos cuesta reconocer como construcciones ficcionales las invenciones que repercuten macroscópicamente en la sociedad debido a la mencionada idea tradicional de que ficción y realidad son dos conceptos opuestos y excluyentes. Explicar a alguien que el valor de su inmueble no es una realidad natural y material, sino una convención ficcional construida y acordada de forma general y cambiante según la psicología de los individuos que la convienen no es del todo fácil, como tampoco lo es hacer entender a alguien que los derechos humanos no son objetos naturales inmutables, sino acuerdos intersubjetivos de naturaleza cambiante, que son construidos y compartidos imaginariamente atendiendo a las necesidades sociales y que fueron determinados con el interés de favorecer el bienestar humano general.

Comentábamos la posibilidad de observar el arte como un conjunto de invenciones compartidas y acordadas en sociedad con un fin[41]. De igual forma que nadie jamás ha desenterrado una ley –aunque sí podría haberse desenterrado el objeto material en el que fue plasmada–, nadie ha desenterrado, tampoco, el esqueleto de un reptil alado que un día fue capaz de abrasar una ciudad, aunque sí podría haberse desenterrado una vasija en la que se representa visualmente a un animal así. Sin embargo, gran parte de nuestra sociedad occidental comparte el conocimiento de que todo individuo tiene el derecho a la vida, a la libertad y a la seguridad de su persona, así como gran parte de nuestra sociedad occidental reconoce lo que es un dragón. Ahora bien, hay que considerar que el efecto que tienen sobre los individuos el conocimiento del derecho a la vida y

---

41 Llamaremos a este conjunto de invenciones 'realidades intersubjetivas'. Explicaremos este concepto más adelante.

a la libertad y el conocimiento de un dragón no es el mismo ni afecta del mismo modo a la sociedad. El impacto del primero es macroscópicamente identificable a simple vista, mientras que parece que el efecto del segundo ha sido, durante la tradición, objeto de debate. Ahora bien, que el efecto de una invención –como es un personaje o una circunstancia literaria– sobre el tejido social no sea macroscópicamente reconocible no significa que no exista o que no sea importante.

Si los vestigios arqueológicos nos muestran que hablar sobre lo que no existe es la principal capacidad diferencial de nuestra variante evolutiva y es observable cómo esta capacidad ha determinado la vida de los seres humanos y su forma de entender el entorno, es necesario descubrir de qué modo lo ha hecho a través del arte. No obstante, para llevar a cabo esta tarea necesitamos previamente detallar cómo opera la capacidad humana de inventar, qué procesos sigue el organismo para que ésta tenga lugar y qué funciones cumple para, posteriormente, poder teorizar, a partir de fundamentos demostrables, sobre el modo en el que la utilizamos cuando componemos narraciones artísticas, las funciones desempeña y el impacto que genera en los seres humanos y en sus entornos.

Evolución, cerebro y consciencia

¿De dónde surge nuestra capacidad de hablar sobre lo que no tiene una materialidad en nuestro entorno? ¿Por qué todos los objetos culturales que producimos –no sólo el arte– la integran? ¿Fue un cambio en los mecanismos biológicos que habilitaban nuestra vida mental –en el sistema nervioso y en el cerebro, como parte fundamental de él– lo que nos concedió esa capacidad sobre la que hemos construido nuestras sociedades y nuestra forma de ver el mundo?

Tradicionalmente, no hemos considerado la relación de interdependencia que existe entre producción cultural y organismos biológicos. Este hecho hunde sus raíces en la dualidad cuerpo/alma que han promulgado las incontables tradiciones animistas que a lo largo de los siglos –como mínimo desde la mencionada Revolución Cognitiva– se han materializado en múltiples religiones y creencias. Es, precisamente, esta separación la que posteriormente conduce a pensar en el cuerpo y en la mente como dos realidades independientes –esta idea se encuentra fijada y desarrollada en el dualismo cartesiano– y la que nos lleva, también, a escindir los dominios de lo ontológico y de lo epistemológico. Como consecuencia de esto, el arte y el resto de las manifestaciones culturales se han estudiado como productos de la mente o del alma humana –dependiendo del contexto histórico de los estudios en cuestión– y buena muestra de ello son la formación y difusión de tópicos como el del poeta furioso, que definían la inspiración literaria como un don inexplicable concedido por una entidad divina. En la actualidad, de hecho, seguimos explicando con frecuencia la creatividad humana a través de este tipo de argumentos esotéricos. Sin embargo, advierte Scott Atran: 'The existence of [...] any cultural path [...] results from a confluence of cognitive, behavioral, bodily, and ecological constraints that neither reside wholly within minds nor are recognizable in a world without minds'[42]. [La existencia de [...] cualquier vía cultural [...] es el resultado de una confluencia de limitaciones cognitivas, conductuales, corporales y ecológicas que no residen enteramente en las mentes ni son reconocibles en un mundo sin mentes].

Los resultados de la neurociencia nos invitan a acabar con esta dualidad y a considerar que toda nuestra producción cultural está necesariamente constreñida por las posibilidades y las limitaciones de nuestra arquitectura neuronal, tal y como considera Stanislas Dehaene[43]. Esta afirmación no quiere expresar, desde un punto de vista reduccionista, que cualquier producto cultural puede explicarse en atención a un conjunto de genes, moléculas o categorías de neuronas. Significa que conviene deshacerse de la concepción tradicional de que la inventiva humana y los ámbitos culturales que han surgido de ella nacen de una mente sin barreras que no está limitada por las posibilidades biológicas de nuestro organismo.

Trabajos como los de Dehaene nos enseñan que el desarrollo de los artefactos culturales que han dado forma a nuestras sociedades –historia, economía, política, arte...– no es independiente del funcionamiento de determinados circuitos neuronales específicos que tienen unas funciones muy determinadas, en tanto en cuanto lo que llamamos mente se debe en parte a ellos. Dehaene ejemplifica sus argumentos con la lectura; tema al que dedica por entero la monografía que citamos. La investigación de Dehaene demuestra que el cerebro humano no evolucionó para crear el artefacto cultural de la escritura. Más bien, la lectura y la escritura

---

42 Scott Atran, *In Gods We Trust. The Evolutionary Landscape of Religion* (New York: Oxford University Press, 2004), 11.

43 Stanislas Dehaene, *Reading in the Brain. The New Science of How We Read* (USA: Penguin Random House, 2010), 304.

evolucionaron progresivamente hacia formas que cada vez se adaptan mejor a los entramados neuronales. Por eso, tras siglos de ensayo y error, hoy encontramos similitudes y convergencias en todos los sistemas de escritura del mundo[44]. No obstante, también advierte el investigador sobre la inconveniencia de considerar, de una forma simplista, que los artefactos culturales aparecen inamoviblemente ligados a unas estructuras cerebrales de carácter modular. Nuestro córtex es, naturalmente, variable y plástico y esto significa que sus circuitos neuronales pueden ser reorganizados y no se están localizados sólo en un dominio. Esta plasticidad, según Dehaene, favorece una diversidad cultural que no sólo se constriñe a unos módulos corticales limitados e inamovibles, sino que, además, cambia y evoluciona con una rapidez increíble gracias a la facilidad con la que las estructuras corticales reciclan sus funciones y establecen nuevas conexiones[45].

Ahora bien, la plasticidad y el reciclaje neuronal no son sólo cualidades propias del cerebro del *Homo sapiens*, como tampoco el *Homo sapiens* es el único ser vivo que ha desarrollado artefactos culturales. Los primates, por ejemplo, han demostrado a través de múltiples experimentos ser capaces de desarrollar un pensamiento abstracto que da lugar a nuevas actividades y a aprender cómo utilizar nuevas herramientas. Esto provoca cambios en algunas regiones de la corteza parietal anterior que evidencian que también existe el reciclaje neuronal en el cerebro de estos animales. Se piensa que chimpancés como los bonobos y algunos perros también podrían disponer de formas de conciencia con particularidades muy similares a las nuestras, como es el yo autobiográfico, el cual habilita a los seres humanos con una inigualable funcionalidad para guardar, evocar y conectar información sobre experiencias pasadas[46]. Por tanto, ni la plasticidad y sus ventajas para el aprendizaje, ni el yo autobiográfico y las posibilidades que ofrece a los organismos de aproximarse a comprender el entorno social de una forma similar a la nuestra son las piedras angulares que explican la vertiginosa capacidad del *Homo sapiens* de inventar y transmitir objetos culturales cada vez más complejos.

Dehaene argumenta que esa capacidad única de nuestra variante evolutiva fue adquirida a partir de un conjunto de cambios progresivos que

---

44 Dehaene, *Reading in the Brain,* 303.

45 Dehaene, *Reading in the Brain*, 307–308.

46 Antonio Damasio, *The Feeling of What Happens. Body and Emotion in the Making of Consciousness* (New York: Harcourt, 2000), 198.

provocaron que el ser humano pudiera llegar a nuevas combinaciones de ideas y a la elaboración de síntesis mentales conscientes. El lóbulo frontal de nuestro cerebro está íntimamente implicado en estas operaciones y es curioso observar la increíble expansión que ha sufrido a lo largo de la evolución si lo comparamos con los lóbulos frontales de otros primates y homínidos. Según Dehaene, una de las particularidades más destacables del cerebro humano es que en él se expanden unos conjuntos de fibras muy largas –mucho más largas que las de otras especies de primate– que se encuentran subyacentes en el lóbulo frontal y llegan a conectar la corteza prefrontal inferior con el polo occipital, favoreciendo una conectividad masiva en el cerebro. De acuerdo con Dehaene, las neuronas prefrontales parecen estar adaptadas a esta increíble conectividad. Sus dendritas son mucho más espesas y tupidas y tienen muchos más vínculos sinápticos que las de otros primates: 'These neurons are located in a part of the frontal lobe, the anterior cingulate cortex, and send extremely long axons to other distant regions of the cortex'[47]. [Estas neuronas se localizan en una parte del lóbulo frontal, el córtex cingulado anterior, y envían axones extremadamente largos a otras regiones distantes del córtex].

Figura 1.1 Distribución de lóbulos en el cerebro.

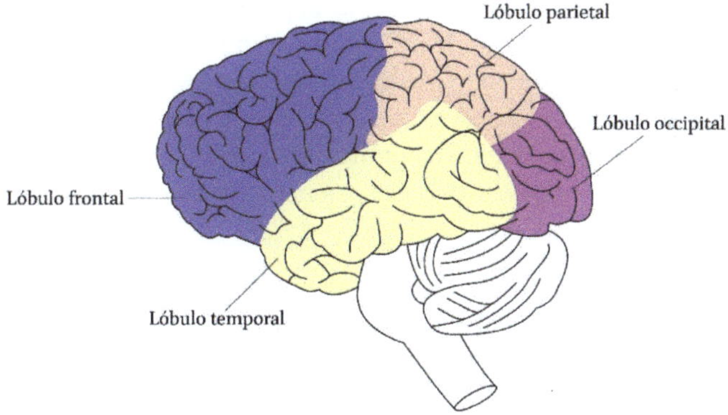

Dehaene afirma que esta conectividad tan desarrollada juega un papel fundamental. Él y Jean-Pierre Changeux explican que sirve para transmitir información procedente de distintas áreas del cerebro y hacerla

47 Dehaene, *Reading in the Brain*, 318.

converger en un espacio cortical común. Una vez es alcanzada esta síntesis de información en este espacio, las diversas conexiones que convergen en él pueden también transmitir información al resto del cerebro, lo cual favorece la formación de conexiones transversales en todo el órgano. De esta manera, debido a esta extensa conectividad, la corteza prefrontal de los seres humanos se convierte en un espacio de deliberación interna que recoge un conglomerado de percepciones y recuerdos. Estas explicaciones entran en la línea de la teoría del Global Neuronal Workspace, propuesta inicialmente por Bernard J. Baars[48], que afirma que lo que comúnmente entendemos como consciencia[49] podría ser, dice Dehaene, la manipulación de la información que converge en este espacio[50]:

> With our global neuronal workspace, we can bring an infinite number of thoughts and recombine them at will. I suggest that the secret of our specie's peculiar competence for brewing new cultural objects lies in this neuronal melting pot[51].
>
> [Con nuestro espacio de trabajo neuronal global, podemos traer un número infinito de pensamientos y recombinarlos a voluntad. Sugiero que el secreto de la peculiar competencia de nuestra especie para elaborar nuevos objetos culturales reside en este crisol neuronal].

Ahora bien, ¿qué es la consciencia que, según Dehaene, surge de las posibilidades conectivas que ofrece la expansión del lóbulo frontal de nuestra variante evolutiva y cómo se explica a partir de ella, exactamente, nuestra exclusiva habilidad para hablar sobre objetos y eventos que no tienen materialidad en nuestro entorno, que tanto parece condicionar la creación de nuestros artefactos culturales? La neurociencia contemporánea ha estudiado y descrito la consciencia a través de diversos puntos

---

48 Bernard J. Baars, 'In the Theater of Consciousness: The Workspace of the Mind', *Journal of Consciousness Studies* 4/4(1997): 292–309. doi: http://dx.doi.org/10.1093/acprof:oso/9780195102659.001.1.

49 A lo largo de este trabajo, distinguiremos entre los términos 'consciencia' y 'conciencia'. Siempre que utilicemos 'consciencia', nos estaremos refiriendo, concretamente, a la actividad psíquica mediante la cual un sujeto biológico se percibe a sí mismo y que le permite reconocer el entorno que le circunda y relacionarse con él. Véase 'consciencia', *Diccionario de la Real Academia Española*, https://dle.rae.es/consciencia#QRGd1VI. Emplearemos 'conciencia' para referirnos al resto de usos relacionados con este vocablo.

50 Dehaene, *Reading in the Brain*, 317–321.

51 Dehaene, *Reading in the Brain*, 322.

de vista. Algunos se han centrado en la observación de correlatos neurofisiológicos que asocian la consciencia con la activación de neuronas en una frecuencia determinada o con la actividad de un área del cerebro en concreto. Otros han partido del estudio de las dinámicas de procesamiento neural que implican la conectividad entre neuronas. Otros, como Dehaene, se han fijado en cómo las señales se propagan por las diferentes áreas del cerebro y lo observamos en la teoría del Global Neuronal Workspace [Espacio de trabajo global neuronal] que acabamos de explicar. Otros, han descrito la consciencia desde el análisis fenomenológico de la experiencia. Sin embargo, en su planteamiento, las predicciones de todas estas teorías son estrictamente interdependientes de las inferencias sobre la consciencia basadas en reportes o en el comportamiento de los individuos y eso las lleva a carecer irremediablemente de falsabilidad[52]. Por tanto, aunque a continuación vamos a abordar algunas definiciones y descripciones de la consciencia humana, es necesario tener en cuenta que todavía no existe una aproximación metodológica que permita explicar y medir la experiencia consciente y obtener de estos análisis un resultado completamente refutable. Dice David J. Chalmers al respecto:

> It would be wonderful if reductive methods could explain experience, too; I hoped for a long time that they might. Unfortunately, there are systematic reasons why these methods must fail. Reductive methods are successful in most domains because what needs explaining in those domains are structures and functions, and these are the kind of thing that a physical account can entail. When it comes to a problem over and above the explanation of structures and functions, these methods are impotent[53].

> [Sería maravilloso que los métodos reductivos también pudieran explicar la experiencia; durante mucho tiempo tuve la esperanza de que así fuera. Por desgracia, hay razones sistemáticas por las que estos métodos deben fracasar. Los métodos reductivos tienen éxito en la mayoría de los ámbitos porque lo que hay que explicar en ellos son estructuras y funciones, y éstas son el tipo de cosas que puede implicar una explicación física. Cuando se trata de un problema que va más allá de la explicación de estructuras y funciones, estos métodos son incapaces].

---

52 Johannes Kleiner y Erik Hoel, 'Falsification and consciousness', *Neuroscience of Conciousness* 7/1 (2021), 1–2. doi: https://doi.org/10.1093/nc/niab001.

53 David J. Chalmers, 'Facing Up to the Problem of Consciousness', *Journal of Consciousness Studies* 2/3 (1995), 208. doi: https://doi.org/10.1098/rstb.2017.0342.

En 1991, el biólogo –Premio Nobel en 1972– Gerald M. Edelman distingue grosso modo dos tipos de consciencia en los sistemas nerviosos complejos: la consciencia primaria y la consciencia de nivel superior[54]. Para Edelman, los organismos con consciencia primaria son capaces de pensar en sucesos que están en curso en un presente, pero no pueden recuperar a voluntad pensamientos sobre eventos pasados o evocar pensamientos sobre posibles eventos futuros todavía no acontecidos. Esto significa, según Edelman, que los organismos con consciencia primaria, aunque disponen de memoria a largo plazo, no son conscientes de ella ni son capaces de actuar sobre los recuerdos para moldearlos y, mucho menos, para planear circunstancias futuras sobre ellos. Sin embargo, según el biólogo, los organismos con consciencia de nivel superior son conscientes de ser conscientes y pueden gestionar a su gusto recuerdos pasados y, asimismo, evocar posibilidades futuras a partir de ellos. Esto es sólo posible, de acuerdo con Edelman, gracias a la memoria simbólica y a nuevos sistemas que se encuentran al servicio de la comunicación y de la transmisión social y que, al final, convergen en el lenguaje. Según Merlin Donald, la invención visiosimbólica que suponen los lenguajes ha funcionado, en la evolución de nuestra cognición, como un método de memoria externa a nuestro propio cuerpo. Mientras los receptores posean el código de un conjunto de signos gráficos, el conocimiento almacenado en esos símbolos permanecerá disponible y podrá transmitirse culturalmente a través del tiempo y del espacio[55].

Años después, en 1999, Antonio Damasio detalla pormenorizadamente el funcionamiento de la conciencia en *The Feeling of What Happens. Body and Emotion in the Making of Consciousness* [*La sensación de lo que ocurre. Cuerpo y emoción en la construcción de la conciencia*] y teoriza sobre los procesos neurocognitivos que tienen lugar a nivel biológico y a nivel experiencial en el organismo humano. A partir de la observación de estos procesos, Damasio distingue entre distintos niveles de consciencia[56]. De acuerdo con el neurocientífico, la consciencia empieza con la construcción del relato de lo que ocurre en el interior de un organismo cuando el organismo interacciona con un objeto, ya sea percibido

---

54 Gerald M. Edelman, *Bright Air, Brilliant Fire: On the Matter of the Mind* (Harmondsworth: Penguin Random House, 1994), 112–132.

55 Merlin Donald, *The Origins of the Modern Mind. Three Stages in the Evolution of Culture and Cognition* (Cambridge: UK, Harvard University Press, 1993), 308.

56 Damasio, *The Feeling of What Happens*, 17–26, 168–202.

o recordado, ya sea dentro del propio organismo (dolor) o fuera de él (un paisaje). Un organismo es consciente cuando es capaz de construir internamente y exhibir internamente sin palabras el conocimiento de que el mismo organismo ha sido cambiado por un objeto. Es lo que Damasio llama 'la sensación de saber':

> *core consciousness occurs when the brain's representation devices generate an image, nonverbal account of how the organism's own state is affected by the organism's processing of an object, and when this process enhances the image of the causative object, thus placing it saliently in a spatial and temporal context*[57].
>
> [*La conciencia central se produce cuando los dispositivos de representación del cerebro generan una imagen, un relato no verbal de cómo el propio estado del organismo se ve afectado por el procesamiento que éste hace de un objeto, y cuando este proceso realza la imagen del objeto causante, posicionándolo de una manera destacada en un contexto espacial y temporal*].

Según Damasio, el cerebro genera mapas neurales[58] del organismo que contribuyen a regular su vida y a señalizar de forma constante sus estados internos. El cerebro también genera mapas neurales del objeto con el que interacciona el organismo. Estos mapas neurales son de primer orden, sirven para reconocer el entorno que rodea al organismo y el interior del propio organismo y pueden convertirse en *imágenes* mentales[59], que son la experiencia cognitiva que resulta de ese reconocimiento. Ahora bien, ocurre que los mapas neurales que surgen de la interacción con el objeto causan siempre cambios en los mapas que surgen de la señalización del estado del organismo. Estos cambios provocan que nuestro cerebro cree nuevos mapas neurales de segundo orden, los cuales representan la relación del objeto con el organismo y pueden convertirse, también, en *imágenes* mentales, como los anteriores.

---

57 Damasio, *The Feeling of What Happens*, 169.

58 Aunque profundizaremos en este término más adelante, conviene aclarar que Damasio llama 'mapas neurales' o 'patrones neurales' a la actividad neural que se da en las cortezas sensoriales y que puede ser visible y que la tecnología nos permite observar, medir y rastrear en tercera persona.

59 Aunque explicaremos con profundidad este concepto en posteriores capítulos, es de interés especificar que Damasio llama '*imágenes*', '*imágenes* mentales' o 'patrones mentales' a las experiencias mentales que van asociadas a una determinada actividad neural (mapas neurales o patrones neurales) y que son vividas sólo y exclusivamente en primera persona por el sujeto que las produce (una tercera persona no puede observarlas a través de determinada tecnología).

Esto explica la forma en la que nuestro organismo se relaciona con objetos de su interior o de su exterior, pero la conciencia es más que eso. Es también cómo experimentamos esas relaciones desde el sentido de nosotros mismos; desde un yo que conoce. El yo –el *self* para Damasio– es un nuevo conocimiento; una sensación en constante creación que gestiona la relación de nuestros organismos con los objetos internos, externos presentes o recordados. Tener consciencia implica poseer dos tipos de yo: el yo central y el yo autobiográfico. Sin embargo, antes de explicarlos es necesario hablar de los pilares sobre los que se construyen estos dos tipos de yo: el llamado proto-yo[60]. El proto-yo no es consciente y se da con la formación de los mapas neurales de primer orden, por lo que no se puede decir que adquiera funciones interpretativas sobre la realidad del organismo y de lo que interacciona con él, sino que más bien actúa como una referencia[61]. El proto-yo da cuenta y actualiza a un nivel básico y de forma dinámica y continua el estado del organismo: el estado del medio interno, de las vísceras, del sistema vestibular y del marco músculo-esquelético. Sin embargo, si el cerebro del organismo interacciona con un objeto interno o externo al cuerpo, presente o recordado –una piedra en el riñón, un aroma o la evocación de una experiencia vivida– y se crean, por tanto, unos mapas neurales que producen una *imagen* mental del mismo, esa nueva *imagen* altera el estado del organismo del que da cuenta el proto-yo y sus mapas neurales de primer orden. Las consecuencias de esa relación entre el objeto y el organismo se recogen con la creación de unos nuevos mapas neurales de segundo orden que producen nuevas *imágenes* mentales internas que experimentamos como sensaciones. Estos mapas neurales de segundo orden y las consecuentes *imágenes* en forma de sensación se corresponden con lo que distinguimos como el yo central –el *core self* para Damasio–, que es una entidad transitoria que se crea una y otra vez cada vez que el cerebro interactúa con un objeto. Esta entidad es casi imperceptible y nos provoca la sensación de saber que habilita lo que podemos entender como una conciencia central o *core consciousnes*. Dice Damasio:

---

60 Los mapas neurales del proto-yo no sólo se dan en una región cerebral, sino en muchas y a múltiples niveles: desde el tronco encefálico y el hipotálamo hasta la corteza cerebral, en estructuras neuralmente interconectadas.

61 Antonio Damasio y Josef Parvizi, 'Consciousness and the brainstem', *Cognition* 79 (2001), 138. doi. https://doi.org/10.1016/S0010-0277(00)00127-X.

> The first basis for the conscious *you* is a feeling which arises in the re-representation of the *nonconscious proto-self in the process of being modified* within an account with establishes the cause of the modification[62].
>
> [La primera base para el tú consciente es un sentimiento que surge en la re-representación del *proto-yo no consciente en proceso de ser modificado* dentro de un relato que establece la causa de la modificación].

Ahora bien, cuando hablamos de la prodigiosidad de la consciencia humana y de su capacidad única para hablar de lo que no tiene materialidad en el entorno, no nos estamos refiriendo a la consciencia central, sino a lo que Damasio llama '*extended consciousness*' [consciencia extendida]. Mientras que la consciencia central habilita una vida mental transitoria, que sólo contempla el momento presente en el que el organismo interactúa con un objeto interno, externo o recordado, nuestra consciencia extendida es capaz de contemplar con una increíble agilidad el antes y el después. La consciencia extendida, según Damasio, es una consciencia central mucho más grande y mejor, que ha crecido a lo largo de la evolución de nuestra especie y, también, a lo largo de la vida individual de cada uno de sus sujetos[63].

Como muestra la Figura 1.2, la conciencia extendida se sustenta sobre el mismo eje que la central –la sensación del yo–, pero ese yo se conecta con los eventos pasados vividos y la anticipación de lo que va a ocurrir. La sensación del yo de esta consciencia extendida es, por tanto, distinta de la de la consciencia central. Damasio la llama 'yo autobiográfico', cuya existencia se debe en parte al desarrollo de la memoria autobiográfica. Este tipo de memoria tiene un alto rendimiento y capacidad y permite a los organismos que la poseen disponer de un amplísimo catálogo de registros de quienes han sido –en cuanto a físico y carácter– y de quién planean ser en el futuro. Según el autor, estos registros personales se construyen explícitamente en pequeñas o grandes cantidades de *imágenes* mentales reconstruidas –según sea necesario– que se convierten en el yo autobiográfico. Esta memoria autobiográfica está estructuralmente conectada, en un sentido neurológico y cognitivo, al proto-yo

---

62 Damasio, *The Feeling of What Happens*, 172.

63 Sospecha Damasio que, durante los primeros instantes de nuestras vidas, nuestra forma de experimentar el entorno es muy inmediata y reiterativa y nuestra vida mental tiene las particularidades de una consciencia central. Sin embargo, conforme vivimos más experiencias, la memoria autobiográfica crece y poco a poco se despliega el yo autobiográfico.

inconsciente y al yo central transitorio, anteriormente mencionados. En este sentido, es necesario destacar que la consciencia extendida se asienta sobre la consciencia central y sobre el proto-yo, lo cual significa que no podría existir sin ellos[64].

Figura 1.2 Construcción de la consciencia extendida

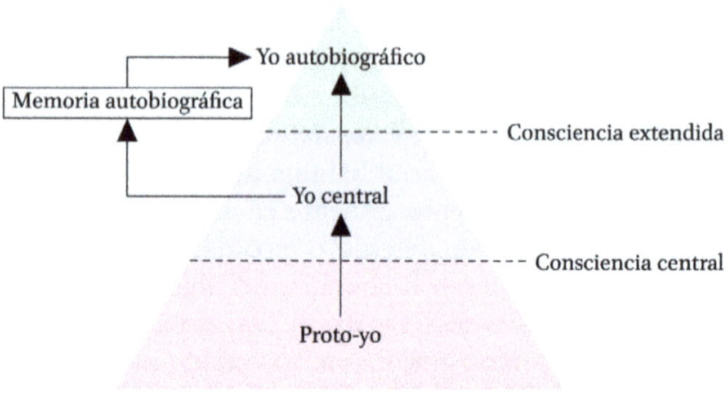

Que un organismo posea una consciencia extendida y una forma de yo autobiográfico significa que tiene a su disposición recuerdos implícitos contenidos en muchas conexiones cerebrales. Muchos de estos recuerdos implícitos pueden hacerse explícitos en cualquier momento, de forma simultánea. Esta capacidad es la que habilita al yo autobiográfico para generar la sensación de poseer una perspectiva individual y una agencia, la cual se construye sobre una cantidad mayor de conocimiento que la que abarca la consciencia central. Este conocimiento, además, puede ser evocado y relacionado según la necesidad y el deseo del organismo cuando éste se enfrenta a nuevas experiencias.

Vamos a suponer un ejemplo para ilustrar la explicación: imaginemos que un amigo nos lanza una pelota, ésta impacta en nuestro vientre y nos ocasiona un gran dolor. El proto-yo nos permite conocer el estado de nuestro organismo y nuestro cerebro genera mapas neurales de primer orden que experimentamos como *imágenes* mentales sobre el estado del organismo y sobre la pelota impactando en nuestro vientre. El yo central, propio de la consciencia central, nos habilita la sensación de saber –ser conscientes de– qué es lo que ha ocurrido y de conocer las consecuencias

64 Se ha observado que una pérdida de la consciencia central implica también, necesariamente, la pérdida de la consciencia extendida, pero no viceversa.

de la interacción que nuestro organismo ha tenido con la pelota. Así, nuestro cerebro genera mapas neurales de segundo orden que experimentamos como *imágenes* mentales que consideramos sensaciones y que en este caso son lo que entendemos como dolor. Sin embargo, si poseemos un yo autobiográfico, propio de la consciencia extendida, podemos recrear *imágenes* mentales de todo tipo sobre experiencias ocurridas en el pasado. Esto es lo que nos permite, en el momento del impacto, recordar la vez en la que un compañero tuvo que ser hospitalizado por vivir una situación similar y temer que el impacto actual pueda revestir un cuadro de gravedad que necesite de un ingreso hospitalario. El yo autobiográfico y esta capacidad memorística nos permiten, no sólo saber, sino también saber que sabemos.

Por tanto, podemos decir que la tan distintiva vida mental del *Homo sapiens* se construye en un inicio sobre una mejora en su capacidad memorística. Es decir, una mejora del registro, la permanencia y la conectividad de la información que los organismos *sapiens* perciben a partir de la interacción con los entornos externos y externos. Que la consciencia extendida –como mejora de la consciencia central– fundamente todo su potencial en una ampliación y mejora de la memoria tiene un sentido, si consideramos esta afirmación desde las explicaciones de Dehaene sobre la expansión de la corteza prefrontal en el cerebro de los *sapiens.* Que nuestro lóbulo frontal esté equipado con unas particularidades biológicas únicas a nivel celular y estructural que favorecen la conectividad transversal entre regiones del cerebro y la convergencia de la información en un mismo espacio puede explicar la facilidad con la que el ser humano contemporáneo es capaz de evocar y manipular voluntariamente una cantidad ingente de experiencias pasadas y, sobre ellas, de anticipar posibles experiencias futuras.

Por tanto, debido –presumiblemente– a una singular expansión de la corteza prefrontal y a las mejoras de conectividad que trajo consigo, la habilidad perceptiva de nuestra variante evolutiva se encuentra inevitablemente condicionada por el recuerdo inmediato y complejo de experiencias vividas en un pasado cercano o lejano. La conectividad transversal que posibilita nuestra arquitectura cerebral favorece la adquisición de una increíble habilidad para manipular voluntariamente los recuerdos –ordenándolos, alterándolos...– con el fin de que su evocación, en el momento requerido, contribuya a mantener el bienestar del organismo y a superar favorablemente determinadas circunstancias. La versatilidad de nuestra memoria nos dota de un aprendizaje muy singular que nos permite, no sólo recordar experiencias pasadas con determinados objetos y eventos que puedan ser de utilidad para no caer dos veces en la misma piedra, sino también *crear*, a partir de experiencias vividas, nuevos escenarios no experimentados todavía para simular cómo nos desenvolveríamos exitosamente ante ellos.

La memoria autobiográfica es, por tanto, la piedra angular de nuestra capacidad inventiva y creativa que, a través de la manipulación de recuerdos, nos habilita para tener no sólo una perspectiva de presente y pasado, sino una proyección hacia posibles eventos futuros no acontecidos. Es decir: la consciencia extendida y su memoria y yo autobiográficos nos permiten, a través de la manipulación de recuerdos, hablar sobre lo que todavía no existe.

CAPÍTULO DOS

El *hardware* biológico que habilita nuestro *software*

El motor: la homeostasis

Sabemos ahora que nuestra habilidad para pensar en objetos y eventos que no tienen materialidad en nuestro entorno –y que diríamos que *no existen*– es una consecuencia directa de nuestra consciencia extendida y de uno de sus mayores pilares; la memoria autobiográfica, habilitada por las múltiples conexiones cerebrales que ha favorecido el desarrollo de nuestra corteza frontal. Gracias a nuestra gran capacidad memorística y a las múltiples conexiones transversales que hacen posible su existencia, el *Homo sapiens* puede, no sólo recordar grandes compendios de información, sino manipularla y evocarla voluntariamente. Esto es lo que nos permite experimentar la realidad en un esquema temporal de pasado-presente-futuro. No sólo somos conscientes del ahora, sino que también disponemos de un singular acceso a nuestras experiencias pasadas y podemos, incluso, considerar experiencias sobre hechos y eventos no experimentados a través de nuestros recuerdos.

Sabemos, ahora –a grandes rasgos– qué es lo que nos permite hablar sobre lo que no existe, pero no a qué responde esta habilidad. ¿Es una casualidad que los seres humanos tengamos esta capacidad, frente a otros mamíferos que no disponen de ella? ¿Es útil para algo? ¿Cómo se relaciona esta utilidad con el uso que le damos a esta habilidad cuando creamos arte o literatura? Si queremos responder a estas preguntas necesitamos, primero, entender el origen y el desarrollo de los componentes biológicos que la posibilitan, los cuales empezaron su proceso evolutivo hace 4 billones de años en primeras formas de vida y, 50.000 años atrás, alcanzaron realizaciones tan complejas como las que hoy en día nos permiten disponer de nuestra consciencia extendida.

Estas realizaciones biológicas de las que hablamos se corresponden con lo que denominamos 'sistema nervioso', que es el conjunto de componentes biológicos que permiten al ser humano el desarrollo de las capacidades cognitivas que dan lugar a cualquier tipo de proceso mental. Sabemos que los sistemas nerviosos comienzan su desarrollo en la vida de nuestro planeta durante el periodo Precámbrico, que tuvo lugar, aproximadamente, hace 540 o 600 millones de años. Su evolución progresiva permitió a organismos multicelulares complejos expandirse física y funcionalmente[65]. Para poder ubicar este momento en una línea temporal hay que considerar que se piensa que la formación de nuestro planeta ocurrió, aproximadamente, 4,5 billones de años atrás y que la vida apareció en él hace 3,8 billones de años. Los animales, en sí, surgieron hace un billón de años, lo que significa que durante muchísimo tiempo la Tierra estuvo sólo habitada por vida unicelular.

Tendemos a pensar que sólo los animales con sistemas nerviosos tienen la capacidad de percibir y reaccionar con determinados comportamientos, pero este prejuicio no es cierto. Por ejemplo, muchos organismos unicelulares dependen de lo que detectan a su alrededor para segregar determinadas sustancias químicas que determinan su movimiento. Lo que ocurre es que los sencillos procesos que habilitan este tipo de percepción son muy diferentes a los intrincados mecanismos del sistema nervioso que permiten al ser humano percibir la realidad. Explica Peter Godfrey-Smith[66] que el desarrollo de los sistemas nerviosos en animales comenzó en la identificada como 'explosión del Cámbrico', hace aproximadamente 542 millones de años, durante la que surgen muy rápidamente algunas de las formas de vida animal básicas que conocemos en la actualidad, No hablamos de mamíferos, pero sí de algunos peces vertebrados y artrópodos, con sus exoesqueletos y sus extremidades. Se especula que esto sucedió debido a algunos cambios en el clima y la química terrestres –posiblemente ocasionados por la interacción de organismos vivos–, que terminaron por provocar que los animales hasta entonces existentes comenzasen a tener comportamientos predatorios entre ellos.

Esto significó que durante el Cámbrico los animales pasaran a formar parte de la vida de otros animales de una nueva forma. Las nuevas dinámicas introducidas por animales depredadores –rastreo, persecución– incentivaron nuevos comportamientos en los animales que eran

---

65 Antonio Damasio, *The Strange Order of Things*, 56.

66 Peter Godfrey-Smith, *Other Minds. The Octopus and the Evolution of Intelligent Life* (London: William Collins, 2018), 15–37.

el objetivo de la depredación –defensa, escondite–. Estas dinámicas produjeron distintas formas de evolución en los organismos para favorecer el perfeccionamiento de estas actividades. Así, los animales empezaron a desarrollar particularidades que no existían en el anterior periodo, el Ediacárico: ojos, extremidades, antenas, garras..., lo cual ocasionó, asimismo, cambios en la corporeidad de estos seres vivos. Los animales del Ediacárico poseían una simetría radial que les permitía percibir su entorno arriba y abajo. No obstante, durante el Cámbrico empiezan a surgir los organismos con simetría bilateral que –como nosotros hoy– no sólo percibían su entorno arriba y abajo, sino también a su izquierda, a su derecha, en la parte frontal y en la posterior. Los primeros sistemas nerviosos evolucionaron antes de que se dieran estos diseños de organismos bilaterales y sus funciones iban poco más allá de coordinar acciones. No obstante, la bilateralidad –consecuencia, posiblemente, de la emergencia de estos nuevos sistemas de coordinación– trajo un nuevo paquete de nuevas posibilidades que estimuló de vuelta múltiples y diversas evoluciones en los sistemas nerviosos.

Los sistemas nerviosos poseen algunos elementos diferenciales. Vamos a destacar, esencialmente, dos: 1) sus células distintivas y 2) las fibras nerviosas que nacen de ellas. 1) Sus células distintivas son las neuronas. Se trata de células excitables, lo cual significa que cuando una neurona se *activa* puede producir una descarga eléctrica que viaja por el cuerpo celular hasta el axón, una extensión de fibra que sale del cuerpo celular y que concede una forma muy peculiar a este tipo de células. Esta descarga provoca la liberación de moléculas químicas –conocidas como neurotransmisores– en el lugar en el que una neurona establece un contacto con otra o con una célula muscular[67]. 2) La segunda característica del sistema nervioso que queremos destacar es que los axones, esas fibras nerviosas que nacen del cuerpo celular, tienen terminaciones en casi todos los rincones del cuerpo: órganos internos, vasos sanguíneos, músculo, piel... Esto es posible gracias a que las fibras nerviosas que los componen –y que parten del cuerpo de la neurona– suelen extenderse por todo el cuerpo humano, hasta los lugares más periféricos. Además, es importante saber que estas fibras que parten del cuerpo celular no sólo viajan en una dirección –hacia los órganos pertinentes–, sino también

67 Muy pocas células en el cuerpo humano, además de las neuronas, las células musculares y algunas células sensoriales, pueden combinar un proceso electroquímico para activar otras células.

en la opuesta –desde los órganos en cuestión hasta volver al componente central del sistema nervioso en el que se alojan las neuronas, que en el caso del ser humano es el cerebro. El cometido de las fibras que viajan del sistema nervioso central al periférico es provocar la secreción de una molécula química o la contracción de un músculo. Sin embargo, la misión de las fibras que viajan en dirección opuesta –desde el sistema nervioso periférico al central– es distinta. Estas fibras llevan a cabo una operación llamada interocepción o viscerocepción, cuyo principal propósito es el de informar del estado del organismo y provocar que el cerebro pueda saber qué está ocurriendo en cualquier parte del cuerpo para intervenir cuando sea necesario[68].

Por ejemplo, uno de los mecanismos que forman parte de la interocepción son las fibras-C y las A-δ. Estas fibras llegan a cualquier lugar del cuerpo. Aparecieron en estadios muy primigenios de la evolución de los sistemas nerviosos y están dedicadas al envío de señales acerca del estado del organismo. Son llamadas fibras nociceptivas porque, juntas, dan respuesta a los estímulos que son o pueden ser dañinos para los tejidos del cuerpo[69]. Estas fibras, en su sentidos aferente y eferente[70], dan respuesta a cualquier tipo de cambio fisiológico en todos los tejidos: dolor, temperatura, hipoxia, hipoglucemia, hipoosmolaridad…[71] Sobre estos procesos de interocepción –o viscerocepción– hay que aclarar que, en general, en criaturas con una consciencia extendida –como los *Homo sapiens*– los reportes de primer nivel que se envían desde los órganos al cerebro son señales pre-reflexivas[72] que se encuentran por debajo del nivel

---

68 Damasio, *The Strange Order of Things*, 56–57.

69 Damasio, *The Feeling of What Happens*, 71–72.

70 Catalogamos como 'aferentes' aquellos componentes biológicos que transmiten secreciones, sangre o linfa desde un lugar periférico del organismo a uno central. Catalogamos como 'eferentes' aquellos componentes biológicos que transmiten impulsos eléctricos, sangre, linfa o secreciones desde una parte central del organismo a otras que son periféricas. Las neuronas aferentes, a través de las fibras que las conectan con cualquier parte del cuerpo, se ocupan de transportar los impulsos eléctricos desde los órganos receptores hasta el sistema nervioso central. Las neuronas eferentes, en cambio, conducen los impulsos nerviosos desde el sistema nervioso central hacia otros órganos del cuerpo.

71 Arthur Craig, 'Interocepcion: the sense of the physiological condition of the body', *Current Opinion in Neurobiology* 13 (2003), 501. doi: https://doi.org/10.1016/s0959-4388(03)00090-4.

72 Anil K. Seth, 'Interoceptive inference, emotion, and the embodied self', *Trends in Cognitive Science* 17/ 11 (2013), 565. doi: https://doi.org/10.1016/j.tics.2013.09.007.

de la consciencia central, lo cual significa que las respuestas que produce el cerebro en estos casos no son deliberadas de forma consciente. Sin embargo, este sistema biológico de vigilancia sí puede llegar a implicar en algunos casos respuestas conscientes emitidas desde el cerebro mientras el organismo se sigue beneficiando, simultáneamente, de continuos informes y respuestas no conscientes. No podemos obviar que las experiencias exteroceptivas –que surgen de la interacción de nuestros organismos con la realidad contextual que los rodea– muchas veces también condicionan y desatan procesos interoceptivos que implican respuestas emocionales que son gestionadas por nuestro yo autobiográfico consciente[73].

Este sistema de reportes actualizados es muy útil para nuestro organismo porque le hace disponer –de forma consciente o inconsciente– de información relativa a su estado actual, lo cual le permite anticiparse y predecir –consciente o inconscientemente– futuros posibles estados. Esta necesidad del cuerpo de adelantarse nos habilita para actuar con previsión y está relacionada con la homeostasis, un imperativo natural y biológico, propio de cualquier forma de vida menor o mayor. Damasio describe la homeostasis como el conjunto de operaciones fundamentales en el núcleo de la vida, desde su origen en las primeras formas bioquímicas hasta la actualidad, que empuja a cualquier organismo vivo a perdurar y prevalecer. Según Damasio, la homeostasis es un imperativo natural y biológico, propio de cualquier forma de vida menor o mayor. De sus dos funciones principales –perdurar y prevalecer–, dice Damasio que la primera es más fácilmente observable en los organismos. Perdurar es consecuencia directa de sobrevivir y la supervivencia, como meta, se da siempre por supuesta en lo relativo a la evolución de cualquier organismo o especie existente. No obstante, el objetivo homeostático de prevalecer es mucho más sutil y menos evidente, por lo que ha generado más controversia entre los investigadores. Va referido a que la vida de cualquier organismo no está sólo regulada por su necesidad particular de supervivencia, sino que también se encuentra conducida por la necesidad de proyectar la futura prosperidad del organismo o de la especie[74]. Según Damasio: *life is regulated within a range that is not just compatible with survival but also conductive to flourishing, to a projection of life into the future of an organism or a species*[75] [*la vida se regula dentro de un margen*

[73] Seth, 'Interoceptive inference, emotion, and the embodied self', 569–571.

[74] Damasio, *The Strange Order of Things*, 58.

[75] Damasio, *The Strange Order of Things*, 25.

que no sólo es compatible con la supervivencia, sino también conducente al florecimiento, a una proyección de la vida hacia el futuro de un organismo o una especie].

Hay que aclarar que esta concepción de la homeostasis difiere de la que tradicionalmente se considera, que es más restrictiva y suele explicar el concepto, en un sentido fisiológico, como la regulación y el balance de las operaciones vitales. En este sentido, sólo se consideran dentro de este concepto las sensaciones y emociones experimentadas por los sujetos que son producto de procesos pre-reflexivos y que responden a la necesidad del cuerpo de sobrevivir y determinan, por ello, el comportamiento: dolor, temperatura, picor, hambre, sed...No obstante, Damasio amplía el término y, desde evidencias físicas, químicas y biológicas, propone entender la homeostasis como un imperativo que guía la vida y que es la base de los procesos de selección natural que favorecen ciertos genes y, en consecuencia, la evolución que optimiza ciertos tipos de organismos. Los resultados de la evolución son muestra de la eficiencia del imperativo homeostático[76].

Este imperativo homeostático, presente en cualquier organismo vivo, sea simple o complejo –tanto en una bacteria como en un individuo humano– interviene nuestra constitución biológica como especie y, por tanto, condiciona la evolución de nuestros sistemas nerviosos. Que nuestros sistemas nerviosos puedan llevar a cabo el anteriormente mencionado proceso de recolección de información, previsión y respuesta –consciente o inconsciente– no es una casualidad y cumple una clara función que beneficia nuestra perduración y prevalencia como especie. Sin embargo, ocurre que el tradicional concepto de homeostasis sólo considera las operaciones que tienen lugar en organismos sin sistema nervioso y, en el caso de los organismos con sistemas nerviosos, únicamente se refiere a los procesos que tienen lugar por debajo del nivel de la consciencia y que operan de forma automática, sin intervención de una deliberación consciente y controlada por un yo central o autobiográfico. No obstante, la ampliación que Damasio propone para el concepto de homeostasis considera que los procesos psicológicos conscientes y deliberados –propios de una consciencia extendida con una memoria y un yo autobiográficos– sí tienen un papel activo en las funciones de perdurar y prevalecer que integran el imperativo homeostático.

---

[76] Damasio, *The Strange Order of Things*, 26.

La ampliación del concepto de homeostasis que Damasio propone se fundamenta sobre la destrucción del dualismo cartesiano que muchos investigadores han adoptado como válido a lo largo de la tradición y que presupone la escisión de la mente y el cuerpo como dos realidades independientes y de distintas naturalezas. Este dualismo, que ha sido aceptado por muchos científicos y que ya encontramos planteado en la filosofía de Descartes, parece hundir sus raíces en el tan aceptado y extendido –en todas las culturas– binomio mítico cuerpo/alma, que ha sido desarrollado de una forma u otra por la mayor parte de tradiciones animistas. No obstante, Damasio explica[77] que el sistema nervioso –que posibilita lo que entendemos como mente– no es una unidad independiente del resto del cuerpo humano. El sistema nervioso y sus resultados –los procesos psicológicos– mantienen una relación de interdependencia con el resto del organismo que en ocasiones la ciencia ha tendido a obviar. Este tipo de sistemas surgen, en los albores de la evolución, como asistentes del cuerpo y coordinadores de los procesos vitales que se dan en tejidos, órganos y otros sistemas, así como de su relación con el entorno.

La labor coordinadora de los sistemas nerviosos fue indispensable para un desarrollo complejo de la vida multicelular. En este sentido, Damasio propone una revisión de la relación de interdependencia entre el cuerpo y el sistema nervioso, ambos construidos con unas dinámicas de cooperación biológica que hace funcionar al organismo porque todos sus componentes se coordinan entre sí: los órganos, las células que los componen, las moléculas de estas células, que a la vez están hechas de átomos que trabajan conjuntamente para dar lugar a la vida.... Por todo ello, es oportuno pensar que el imperativo homeostático condiciona, también, las funciones intelectuales del sistema nervioso humano, puesto que éstas son parte fundamental del organismo[78]. Unas funciones intelectuales que, recordemos, la tradición de estudios sobre arte no ha considerado como parte de nuestra maquinaria corporal y que ha desvinculado de la biología por miedo, en algunos casos, a caer en explicaciones deterministas que pudieran empobrecer la complejidad del funcionamiento

---

77 Damasio, *The Strange Order of Things*, 66-67.

78 Si bien es cierto, como dice el autor, que la complejidad de este sistema también permite a la mente humana consciente y subjetiva sobrepasar la misión de este imperativo y llevar a cabo procesos que convergen en resultados que no están relacionados directamente con este fin homeostático.

de la mente humana y de los intrincados sistemas culturales que hemos establecido a partir de sus capacidades. Dice Damasio:

> Curiously, discovering the roots of human cultures in nonhuman biology does not diminish the exceptional status of humans at all. The exceptional status of each human being derives from the unique significance of suffering and flourishing in the context of our remembrances of the past and of the memories we have constructed of the future we incessantly anticipate[79].

> [Curiosamente, descubrir las raíces de las culturas humanas en la biología no humana no disminuye en absoluto el estatus excepcional de los humanos. El estatus excepcional de cada ser humano deriva del significado único del sufrimiento y el florecimiento en el contexto de nuestros recuerdos del pasado y de los recuerdos que hemos construido del futuro que incesantemente anticipamos].

Consideramos que los procesos psicológicos conscientes están intervenidos, también, por el imperativo homeostático –perdurar y prevalecer–, el cual se sintetiza para, de diversas formas, adelantar al organismo a estados futuros que puedan afectar positiva o negativamente a su bienestar. El imperativo homeostático es, por tanto, uno de los motores de cualquier proceso vital que el organismo sea capaz de llevar a cabo. En última instancia, esto cataloga nuestra capacidad para hablar sobre lo que no tiene presencia material en nuestro entorno –propia de una consciencia extendida y una memoria y un yo autobiográficos– como una mejora evolutiva que contribuye a balancear el bienestar de nuestro organismo. La homeostasis, desde la perspectiva de Damasio, es el imperativo de vida que ha conducido a los sistemas nerviosos a evolucionar a lo largo de los siglos y, por tanto, es el motor que ha determinado la amplitud de nuestras capacidades mentales.

La consciencia extendida y sus operaciones nucleares

Ahora bien, entender el impacto de este imperativo homeostático en los procesos mentales conscientes del sistema nervioso humano y comprender de qué modo afecta a la capacidad del *Homo sapiens* para pensar en cosas que, en principio, carecen de materialidad física pasa, en primer lugar, por entender con detalle el funcionamiento de estos procesos

---

[79] Damasio, *The Strange Order of Things*, 7.

psicológicos conscientes y cómo nos habilitan para hablar sobre cosas que no existen; habilidad sin la cual no podríamos crear arte o literatura. No obstante, hay que tener en cuenta que, para que el ser humano pudiera pensar en este tipo de información sin materialidad en el entorno, los sistemas nerviosos tuvieron que recorrer un camino evolutivo larguísimo, de millones de años, conducidos todo el tiempo por el anteriormente mencionado imperativo homeostático. Este imperativo reguló su desarrollo hasta que adquirieron una forma y un potencial determinado en los primates y, tiempo después, en de sus concreciones evolutivas: el *Homo sapiens*

Los sistemas nerviosos que se dieron en primates son considerados complejos por su nivel de desarrollo y son muy distintos de los sistemas nerviosos simples en cuanto a capacidades y limitaciones[80]. Los sistemas nerviosos simples están formados por redes de nervios muy sencillas que habilitan respuestas en el organismo útiles y casi instantáneas. Los conforman neuronas que pueden sentir y dar respuesta, por lo que su actividad frente a los estímulos que recibe el organismo las modifica. Esto significa, en definitiva, que este tipo de neuronas son capaces de retener información y de aprender de los eventos que las envuelven. No obstante, los organismos que alojan estos sistemas nerviosos simples tienen una capacidad memorística muy limitada y, por tanto, sólo son capaces de retener una pequeña cantidad de información diariamente. Asimismo, sus capacidades perceptivas son también muy limitadas porque el diseño de sus redes de nervios es tan sencillo que no permite a estos organismos generar mapas neurales sobre los aspectos constitutivos de un estímulo ni de sus consecuencias para el propio organismo. Como estos organismos no pueden generar patrones neurales, tampoco pueden experimentar *imágenes* mentales las cuales, recordemos, son las experiencias mentales que van asociadas a una determinada actividad neural y que sólo son vividas en primera persona por el sujeto que las produce. Esto implica –teniendo en cuenta los fundamentos desarrollados a propósito de la consciencia en el capítulo anterior– que los organismos con un sistema nervioso simple carecen de consciencia central y de consciencia extendida y no poseen lo que comúnmente denominamos mente. Los mapas neurales y la generación de *imágenes* mentales asociadas a ellos son

---

[80] Damasio, *The Strange Order of Things*, 60.

capacidades básicas y prolíficas en la constitución de sistemas nerviosos complejos habilitados con una consciencia central o extendida.

La consciencia de los sistemas nerviosos complejos se erige sobre esta operación perceptiva: la generación de mapas neurales a partir de la interacción con los entornos externos e internos al organismo y la consecuente experimentación de *imágenes* mentales[81]. Esta operación determina qué tipo de procesos cognitivos va a ser capaz de llevar a cabo el organismo. Por eso, la capacidad memorística de los sistemas nerviosos complejos es muy diferente a la de los sistemas nerviosos simples y esto significa que los organismos con sistemas nerviosos complejos tienen la posibilidad de experimentar determinadas sensaciones corporales que, sin las mencionadas *imágenes*, no podrían tener lugar. Asimismo, también existen múltiples diferencias en la forma en la que los distintos tipos de organismos con sistemas nerviosos complejos producen mapas neurales y experimentan *imágenes* mentales. Por ejemplo, los organismos con sistemas nerviosos complejos y con una consciencia central no gestionan del mismo modo las *imágenes* ni tienen la misma capacidad memorística, ni el mismo tipo de subjetividad que los sistemas nerviosos complejos con un tipo de consciencia extendida, como es la del *Homo sapiens*. No obstante, sí hay que considerar que, en un sentido técnico, disponer de consciencia central –la sensación de saber– o extendida –la sensación de saber que sabes– depende, directamente, de la capacidad de generar mapas neurales y de experimentar *imágenes* mentales, la cual, a su vez, no sería posible sin los dispositivos biológicos que integra nuestro sistema nervioso complejo y que nos permiten tener una percepción multisensorial del entorno.

Ahora bien, ¿a qué nos referimos, exactamente, cuando hablamos de esos mapas neurales y de las *imágenes* mentales como operaciones indispensables para el surgimiento de la consciencia?[82]. Cuando hablamos de mapas neurales o de patrones neurales hacemos referencia a la actividad que se da en la corteza sensorial y que puede ser rastreable y medible a través de avances técnicos. En cambio, cuando hablamos de *imágenes* mentales o patrones mentales nos referimos a la experiencia individual e intransferible que vive el sujeto consciente en primera persona y que va asociada a la producción de unos determinados mapas neurales. Las

---

81 Damasio, *The Strange Order of Things*, 61.

82 Damasio, *The Feeling of What Happens*, 317–323.

sensaciones que producen estas experienciasno son medibles ni rastreables por la tecnología actual. Ambos procesos juntos permiten a los sistemas nerviosos responder a las características de los objetos y de los movimientos –eventos– que interaccionan con ellos tanto en el entorno interior del organismo como en el exterior que les rodea. A través del empleo de la actividad de las células nerviosas en un diseño de circuitos neuronales, el sistema nervioso representa los objetos con los que interactúa cartografiando mapas neurales de la configuración y las características de estos objetos que de una forma u otra interaccionan con el organismo desde el entorno exterior o interior al mismo[83]. Como resultado, este proceso nos permite reconocer la configuración de localizaciones espaciales, objetos externos, sonidos –saber si son cercanos o lejanos; fuertes o débiles…– e incluso de eventos que tienen lugar en el interior del organismo en operaciones viscerales –saber si algo no va bien en el estómago…–. Por ejemplo, cuando los fotones impactan sobre nuestras retinas en un patrón determinado vinculado a un objeto en concreto –un círculo, un triángulo…–, las células nerviosas que se activan con la percepción de ese patrón forman un mapa neural transitorio.

Las *imágenes* mentales[84] son los patrones mentales cuya estructura se construye sobre cada sentido modalidad sensorial: visual, auditiva, olfativa, gustativa y somatosensorial y plasman procesos y entidades de todo tipo –concretas y abstractas–, así como las propiedades físicas de estas entidades y, de forma más o menos precisa, las relaciones espaciotemporales que existen entre ellas. Aunque utilicemos el término *imagen* para hablar estas experiencias internas, no estamos refiriéndonos a que en nuestra mente proyecte contenido visual o audiovisual, como si de una película se tratase. Las *imágenes* son de diversa naturaleza y las motivan distintos estímulos sensoriales –además de la vista y del oído– que, muchas veces, se entrecruzan entre sí. Dice Martha J. Farah al respecto: 'Imagery is not visual in the sense of necessarily representing information acquired through visual sensory channels. Rather, it is visual in the sense of using some of the same neural machinery as vision'[85] [La imaginería no es visual en el sentido de representar necesariamente información adquirida

83 Damasio, *The Strange Order of Things*, 74–75.

84 Damasio, *The Feeling of What Happens*, 319–321.

85 Martha J. Farah, 'Is Visual Imagery Really Visual? Overlooked Evidence From Neuropsychology', *Psychological Review* 95/3 (1988), 315. doi: https://doi.org/10.1037/0033-295X.95.3.307.

a través de canales sensoriales visuales. Más bien, es visual en el sentido de que utiliza parte de la misma maquinaria neuronal que la visión].

Experimentamos estas *imágenes* como representaciones internas que se suceden en flujo y de forma transitoria y que son creadas sobre la base de las descripciones sensoriales que tienen lugar a partir de eventos internos y externos al propio cuerpo humano. Estas experiencias –accesibles, como decíamos, únicamente para el organismo particular en el que se dan– son el resultado de la decodificación o interpretación de los mapas neurales[86] y son muy importantes para la supervivencia de los organismos en los distintos entornos, puesto que permiten operaciones tan básicas y necesarias como guiar movimientos de las extremidades con precisión. La construcción de estas *imágenes* se produce a partir de la interacción con objetos, lugares y personas que se encuentran en el entorno externo al organismo, pero también a partir de la interacción con eventos y procesos que se dan en el interior del organismo, como son los dolores corporales, las sensaciones emocionales o, incluso, la reconstrucción de objetos desde la memoria. Como mencionábamos, experimentamos las *imágenes* de una forma constante y transitoria: mientras estamos despiertos, estamos continuamente experimentando un flujo ininterrumpido de *imágenes* que se suceden y se solapan y, en ocasiones, también llegamos a experimentar este flujo durante algunas fases del sueño. Experimentamos tantas *imágenes* mentales al día que, de hecho, no llegamos a ser plenamente conscientes de todas y, por supuesto, posteriormente, no somos capaces de volver a recuperar muchas de ellas. De acuerdo con Dehaene, lo que llamamos consciencia –y entendemos como consciencia extendida– ocurre cuando nuestra atención filtra una determinada información de entre todos los estímulos que nos rodean. Por tanto, aunque estemos percibiendo una gran cantidad de información simultáneamente, sólo somos conscientes completamente de un pequeño fragmento de ella y, de hecho, sólo podemos atender a los estímulos de uno en uno. No podemos dedicar una atención completamente simultánea hacia varias tareas, por ejemplo[87]. En síntesis, podemos decir que la experiencia en primera persona, fluida, ininterrumpida e interrelacionada de estas *imágenes* y nuestra capacidad de operar sobre ella es lo que comúnmente entendemos como mente o pensamiento y que esta

---

86 Damasio, *The Strange Order of Things*, 62.

87 Stanislas Dehaene, *Consciousness and the Brain. Deciphering How the Brain Codes our Thoughts* (New York: Penguin Books, 2014), 21; 34.

experiencia sólo recoge, de forma lineal, una cantidad de formación muy limitada, de toda la que somos capaces de percibir simultáneamente.

Al respecto de estas cuestiones, es importante comprender que el mapa neural o patrón neural que se activa en las células de nuestro sistema nervioso y las *imágenes* mentales que experimentamos como consecuencia no deben entenderse como una réplica del objeto que se percibe, sino como una representación del mismo. Esto significa que no podemos olvidar nunca la capacidad creativa e interpretativa de nuestro sistema nervioso, que no está diseñado para calcar el entorno, sino para procesar información útil a partir de él. Los mapas neurales que se construyen sobre el entorno están sujetos al diseño interno y a las capacidades perceptivas del sistema nervioso. Por tanto, es necesario entender que los seres humanos compartimos una percepción común del entorno porque nuestros sistemas nerviosos tienen las mismas capacidades y limitaciones, no porque el entorno sea exactamente como lo percibimos. Es de suponer que otros animales, con otros sistemas nerviosos –y con otros sentidos más o menos desarrollados– percibirán el mundo de una forma muy distinta a nosotros.

En definitiva, los patrones neurales y las *imág*enes mentales constituyen las dos operaciones centrales sobre las que se articula nuestra vida mental, a la que en este trabajo identificamos como consciencia extendida. Las neuronas que reaccionan en determinados patrones neurales son las unidades mínimas y centrales de los componentes biológicos que integran nuestro sistema nervioso. En cambio, las *imágenes* mentales son las unidades mínimas de nuestra consciencia que, en su conjunto, integran la experiencia que comúnmente reconocemos como mente. Podemos entender la relación entre el sistema nervioso y la vida mental comparando ambas realidades con el *hardware* y el *software* informático[88]. Las experiencias mentales (*software*) tienen lugar en nuestro interior gracias a que ciertos componentes biológicos (*hardware*) las facilitan. Las operaciones del *hardware* son las que resultan rastreables y medibles

88 Cuando comparamos la arquitectura biológica del sistema nervioso humano con el *hardware* de un sistema informático no lo hacemos con la intención de asimilar las operaciones cerebrales con las computacionales que tienen lugar en los sistemas informáticos, sino con la de trasladar al lector, a través de esta metáfora, la idea de que los mencionados componentes biológicos y materiales son los que habilitan la vida mental que llamamos 'consciencia', cuya experiencia inmaterial podríamos comparar con el *software* de un ordenador.

para los investigadores gracias a través de la tecnología sanitaria, mientras que la experiencia que supone nuestro *software* sobrepasa las limitaciones de la actual tecnología y sólo el sujeto que la experimenta puede dar cuenta de ella. La activación de las neuronas en los mapas neurales es la expresión biológica rastreable de nuestro *hardware* que precede, inmediatamente, a la experiencia de *imágenes* mentales. El único misterio que la neurociencia aún no ha podido explicar de forma pormenorizada en todo este proceso es la forma exacta en la que estas *imágenes* mentales que configuran nuestro *software* emergen desde los patrones neurales[89].

El *hardware*

Tal y como venimos mencionando, la generación de mapas neurales a partir de la interacción con los entornos externos e internos al organismo y la consecuente experimentación de *imágenes* mentales es posible gracias a la compleja arquitectura biológica de nuestro sistema nervioso. Los componentes biológicos de nuestro sistema nervioso (*hardware*)[90] que habilitan nuestra consciencia o vida mental (*software*) están compuestos por un tipo de tejido vivo: el tejido neural. Este tejido está formado por dos tipos de células: las neuronas y las células gliales. Las neuronas tienen un papel protagonista porque son las unidades esenciales para producir la actividad mental, mientras que las células gliales adquieren funciones complementarias de soporte respecto a las neuronas. Las neuronas están compuestas por tres partes: el cuerpo celular, el axón y las dendritas. El cuerpo celular contiene el núcleo y un conjunto de orgánulos y es la principal fuente de energía de la célula; el axón es una fibra saliente del cuerpo celular que transporta la energía y las dendritas son otras fibras que permiten la entrada de la energía en otra neurona anexa. Las neuronas se interconectan entre sí y forman circuitos en los que la energía viaja gracias al contacto entre axones y dendritas en un proceso que recibe el nombre de sinapsis. El cerebro humano contiene billones de neuronas que se organizan en circuitos y, dependiendo de su disposición, conforman las regiones corticales o los núcleos. Las regiones corticales y los núcleos, a su vez, están conectados y forman sistemas, los cuales, a su vez, se conectan con otros sistemas para formar sistemas de sistemas. Los

---

89 Damasio, *The Feeling of What Happens*, 322-323.

90 Damasio, *The Feeling of What Happens*, 324-325.

circuitos neuronales son apreciables a nivel microscópico, mientras que las regiones corticales, los núcleos y los sistemas son macroscópicamente perceptibles.

Figura 2.1 Partes de una neurona

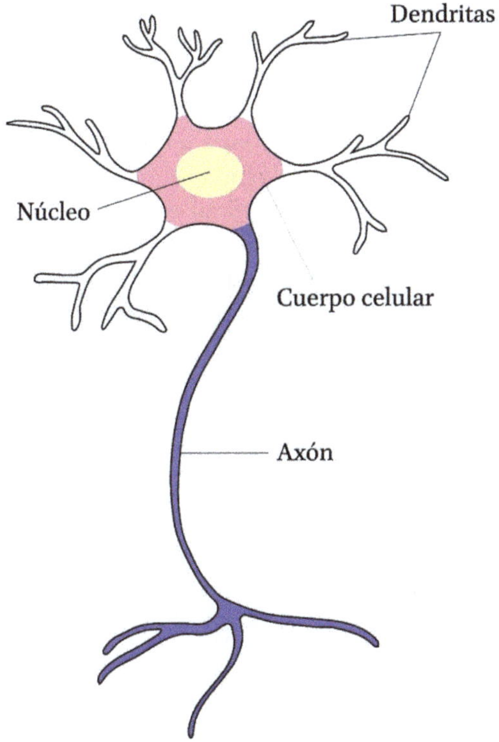

Macroscópicamente, podemos dividir nuestro *hardware* biológico en dos sistemas: el sistema nervioso central y el sistema nervioso periférico. El sistema nervioso central está formado por el cerebro, que se compone por dos hemisferios interconectados por unas fibras nerviosas llamadas 'cuerpo calloso'. Reconocemos estos hemisferios como el hemisferio derecho y el hemisferio izquierdo. Este sistema nervioso central contiene, asimismo, una serie de núcleos y de procesadores añadidos como los ganglios basales, el prosencéfalo o el diencéfalo, en el que se combina el tálamo con el hipotálamo. El cerebro está conectado a la médula espinal a través del tallo cerebral, detrás del cual se ubica el cerebelo.

El sistema nervioso central está conectado con todos los recovecos de nuestra anatomía a través de intrincadísimas redes de nervios que permiten la retransmisión bidireccional de información desde el centro a las partes más externas de nuestro organismo y viceversa. Los mencionados nervios son conjuntos de axones que proceden del cuerpo celular de nuestras neuronas y, en su conjunto, constituyen el sistema nervioso periférico, que conduce impulsos desde el sistema nervioso central hasta la periferia del organismo y viceversa. Como muestra la Figura 2.2, estas redes de nervios nos permiten entrar en contacto con los objetos y eventos que tienen lugar en el interior y en el exterior del organismo y sobre los que generamos los mencionados mapas neurales y las consecuentes *imágenes* mentales internas que habilitan nuestra vida consciente. Además de por las redes de nervios, el centro y la periferia de nuestro organismo también están interconectados por sustancias químicas –como las hormonas– que viajan a través de la corriente sanguínea.

Figura 2.2 Sistema nervioso

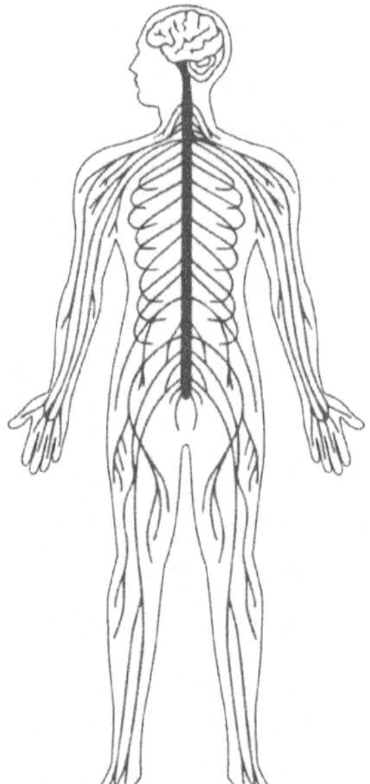

Explicamos en el anterior capítulo el proto-yo, la consciencia central y la consciencia extendida y concluimos que la consciencia extendida es la que se corresponde con la vida mental del *Homo sapiens*, no puede existir sin el proto-yo y sin la consciencia central –porque se construye sobre ellos– y supone una mejora evolutiva de esta última. La mejora evolutiva del *software* que llamamos consciencia extendida vino precedida por la aparición de un conjunto de componentes biológicos que pertenecen a nuestro sistema nervioso y que se desarrollaron en comunión con los ya existentes. Uno de ellos es el neocórtex, que forma parte de la corteza cerebral.

La corteza cerebral envuelve la superficie de los dos hemisferios cerebrales –también existe la corteza cerebelar, que envuelve el cerebelo– como si de un manto se tratase. Esta cobertura tiene, aproximadamente, 3 milímetros de grosor y está formada por varias capas con hendiduras. Se ha dividido en cuatro lóbulos principales[91]: el frontal, el temporal, el parietal y el occipital en los que, a su vez, se distinguen más zonas que suelen identificarse con números, atendiendo a su citoarquitectura, o lo que es lo mismo, la forma particular en la que las células se organizan en ellas. El neocórtex es la parte más evolucionada de la corteza y, sin esta evolución no tendríamos la capacidad memorística que propia de la consciencia extendida, ni dispondríamos de habilidades autorreflexivas propias del yo autobiográfico, ni hubiéramos podido crear el lenguaje. El neocórtex, de una forma distinta, ya se encuentra en otros primates previos al ser humano, pero en los *Homo* adquiere un desarrollo mucho mayor.

El neocórtex tiene una gran representatividad en nuestra corteza cerebral y, como es un componente de última evolución, resulta importante para desarrollar las funciones propias de la consciencia extendida. No obstante, nuestro sistema nervioso alberga componentes que surgieron mucho antes en la evolución y cuyas funciones están directamente relacionadas con procesos que son exclusivos y dependientes de la consciencia extendida. Por ejemplo, es el caso del tronco encefálico.

El tronco encefálico[92] recibe señales de todo el cuerpo y funciona, también, como conductor para esas señales. Además, en él se encuentran muchos núcleos pequeños localmente interconectados por fibras nerviosas. El tronco encefálico se ocupa de controlar funciones vitales básicas cardiacas, pulmonares e intestinales, así como el sueño y la vigilia. Es un centro de control de operaciones vitales. El tronco encefálico y los

---

[91] Véase Figura 1.1

[92] Damasio, *The Feeling of What Happens*, 236–241.

núcleos que lo conforman adquieren un papel importante en la regulación de estas operaciones y en el reconocimiento del estado del cuerpo. Esto significa que aquellos mapas neurales de primer orden que dan lugar a las estructuras no-conscientes que anteriormente reconocíamos como proto-yo y que representan el estado del cuerpo tienen su arraigo en el tronco encefálico.

En cambio, otros componentes de nuestro sistema nervioso son los que facilitan la generación de patrones neurales de segundo orden que, en combinación con otros, habilitan la consciencia central. Entre ellos están el giro cingular, el núcleo talámico y el colículo superior[93]. El giro cingular es una estructura somatosensorial masiva que recibe información de todas las divisiones somatosensoriales, algunas relativas al entorno interno visceral, otras de carácter músculo-esquelético. Esta estructura contribuye en la generación de mapas neurales sobre las modificaciones que un objeto puede ocasionar en el cuerpo. El giro cingular está relacionado con la ejecución de una gran cantidad de movimientos relacionados con las extremidades, las vísceras e incluso la vocalización.

Otro constituyente que participan en la generación de la consciencia central es el colículo superior: un conjunto de estructuras de varias capas que reciben información sensorial de muchas modalidades. El colículo superior integra las señales de un modo muy complejo a través de diferentes estratos y comunica la información a diversos núcleos del tronco encefálico, el tálamo y la corteza cerebral en una labor integrativa. La integración que facilita el colículo superior es de utilidad para la consciencia central siempre y cuando se combine con las tareas que se llevan a cabo en el tronco encefálico –relacionadas con el proto-yo– y en las estructuras cingulares y talámicas.

Por último, el tálamo es otro componente que adquiere un rol muy relevante en lo que respecta a la generación de la consciencia central. El tálamo ofrece información directa sobre la forma en la que el organismo interacciona con objetos y eventos porque regula la actividad sensorial. Esto significa que el tálamo tiene un papel en la interpretación de la relación organismo-objeto que es indispensable para el establecimiento de la consciencia central y del yo central transitorio.

Todo esto implica que el *hardware* nervioso que surgió antes en el proceso evolutivo de nuestra especie está relacionado con funciones

---

93 Damasio, *The Feeling of What Happens*, 260–271.

vitales –el proto-yo– y con las habilidades propias de un tipo de *software* que identificamos como consciencia central, el cual nos habilita para percibir de una forma transitoria los cambios que la interacción de objetos y eventos externos e internos realizan sobre nuestro organismo. El surgimiento de otros componentes biológicos y su posterior desarrollo abre la puerta a la expansión al *software* que llamamos consciencia extendida, el cual no sería posible tampoco sin los componentes biológicos más tempranos en la evolución, que nos otorga las facultades mentales en las que nos reconocemos hoy como *Homo sapiens*.

Figura 2.3 Componentes corticales y subcorticales del sistema nervioso central

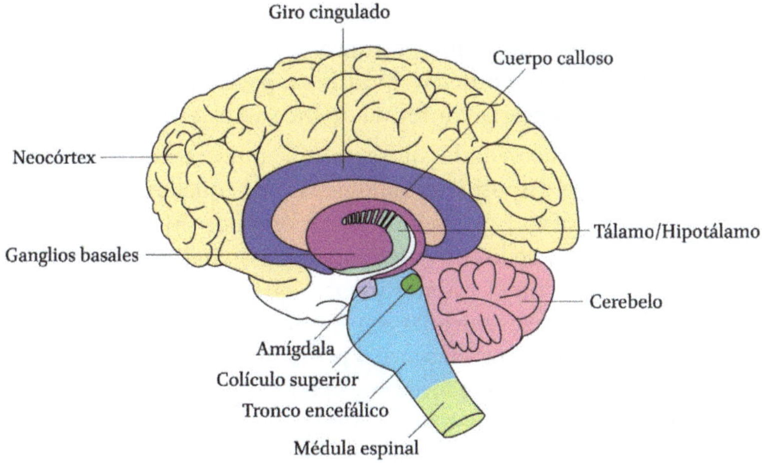

Del *hardware* al *software*

Cuando Damasio explica cómo funciona este *hardware* para dar lugar a los procesos que configuran nuestra consciencia (*software*), lo hace a través de la metáfora de la orquesta: describe los procesos y construcciones conscientes como una sinfonía efímera. Identifica los instrumentos que la producen con los distintos dispositivos sensoriales biológicos de nuestro sistema nervioso y a los músicos que la ocasionan con los objetos y eventos que ocurren en los entornos exteriores e interiores a nuestro organismo. Recogemos esta metáfora porque resulta muy visual para comprender la relación de causa-efecto que existe entre los objetos y eventos de los entornos internos y externos al organismo, su interacción con los dispositivos biológicos de nuestro sistema nervioso y la posterior emergencia de las experiencias mentales que configuran, en su conjunto, nuestra vida mental.

La última consecuencia del proceso que explicamos a través de esta metáfora es que los objetos y eventos internos y externos a nuestro organismo son entidades que pueden modificar temporalmente las estructuras neurológicas de nuestro sistema nervioso. De esas modificaciones surge esa *sinfonía*, que no es más que un conjunto de experiencias consecutivas y constituidas por las mencionadas *imágenes* mentales, que son constantemente organizadas en un flujo ininterrumpido. Dependiendo de si la naturaleza de la interacción en cuestión con el exterior o con el interior del organismo es o no consciente, esta *sinfonía* se puede experimentar en un segundo plano, de forma pasiva, o el individuo puede intervenir conscientemente en ella y ordenar, modificar, potenciar o atenuar el flujo de *imágenes* mentales que la conforma de incontables maneras.

El flujo de *imágenes* mentales que compone nuestra vida mental puede proceder de distintos dispositivos biológicos[94]: de aquellos que componen el sistema exteroceptivo y que se ubican en órganos situados en la piel y en algunas mucosas o de los que componen el sistema interoceptivo, que son los relacionados con el mundo interno químico-visceral y el marco músculo-esquelético y sus portales sensoriales. Los componentes interoceptivos químico-viscerales fueron los primeros que se desarrollaron en la línea evolutiva. El marco músculo-esquelético es de evolución posterior[95]. Es necesario señalar que no sólo nuestra percepción exteroceptiva desencadena *imágenes* que componen nuestra vida mental consciente o inconsciente. Tendemos a considerar el mundo exterior como el único que afecta a nuestra cognición y esto es un error que nos puede llevar a simplificar erróneamente el funcionamiento de la cognición humana[96].

Podríamos decir que estas fuentes exteroceptivas e interoceptivas a través de las que recogemos información relativa a objetos y eventos que tienen lugar en el interior y en el exterior de nuestros organismos están, todas ellas, conectadas a nuestro sistema nervioso central y que esta conexión es la que nos posibilita elaborar mapas neurales y construir *imágenes*

---

94 Damasio, *The Strange Order of Things*, 84–85.

95 Godfrey-Smith, *Other Minds*, 36.

96 Véase Craig, 'Interoception' y Seth, 'Interoceptive inference'.

mentales a partir de ellos. Sin embargo, es necesario aclarar, para no caer en simplificaciones, que las tres fuentes que mencionamos recogen la información de una forma muy distinta[97] porque los objetos y eventos que reconocen son de una naturaleza muy diferente y, por tanto, la forma en la que inciden sobre nuestro organismo no es comparable. Esto significa que el cableado que conecta el sistema exteroceptivo no es, tampoco, anatómica o funcionalmente asimilable al cableado que conecta los componentes interoceptivos. Pensemos que, a diferencia del sistema exteroceptivo, el sistema interoceptivo químico-visceral se comunica con el sistema nervioso central a través de señales puramente electroquímicas y que el sistema nervioso central puede responder directamente a esas señales actuando sobre la fuente de la señal interior. Sin embargo, en ocasiones el sistema nervioso central no actúa directamente sobre los objetos y eventos del mundo exterior, como ocurre por ejemplo cuando percibimos visual y olfativamente algo.

Al respecto de las funciones que adquieren nuestros sistemas interoceptivos y exteroceptivos, podemos decir, en resumen, que el sistema exteroceptivo nos permite generar *imágenes* mentales sobre las estructuras del mundo que nos rodea, mientras que el sistema interoceptivo químico-visceral genera *imágenes* mentales de sensaciones o sentimientos y el sistema interoceptivo músculo-esquelético nos proporciona *imágenes* mentales de todo el conjunto: nos facilita *imágenes* mentales de la estructura global del organismo en un contexto espacial externo y las imbrica con otras *imágenes* que reconocemos como sensaciones. Todas estas *imágenes* mentales que el cuerpo genera a partir de la información proporcionada por nuestros dispositivos biológicos se relacionan entre sí de forma recíproca y de manera multidimensional y pueden ser modificadas y gestionadas de múltiples maneras[98].

Por tanto, los dispositivos que conforman el *hardware* biológico coordinan, a través de la gestión y manipulación de las *imágenes* mentales –*software*–, una serie de procesos que dan lugar a lo que comúnmente denominamos impulsos, motivaciones, emociones y, de forma general, organizan aquello que entendemos como pensamiento, imaginación y toma de decisiones. Esta arquitectura biológica es la que permite, por ejemplo, que podamos llevar a cabo un proceso tan complejo como es la

---

97 Damasio, *The Strange Order of Things*, 86.

98 Damasio, *The Strange Order of Things*, 86–87.

conversión de *imágenes* mentales en secuencias de símbolos y finalmente en lenguajes para favorecer la comunicación entre organismos. Gracias a esta operación tan intrincada que es el lenguaje –y que, en toda su complejidad, parece exclusiva de la consciencia humana– los organismos pueden traducir constantemente objetos no verbales a la verbalidad y construir y recibir en un proceso bidireccional relatos sobre ellos[99].

Esto significa que además de formar mapas neurales que interpretan los entornos externos e internos al organismo y que son experimentados en forma de *imágenes* mentales, nuestro sistema nervioso habilita todo un repertorio de operaciones cognitivas interrelacionadas y complementadas entre sí que se ocupan de la gestión, de la fijación y de la coordinación de estas *imágenes*. Por tanto, aquellos procesos del *software* mental que solemos llamar sensaciones, emociones, sentimientos, memoria, aprendizaje u organización dependen del correcto funcionamiento de los distintos componentes del *hardware* biológico y de las *imágenes* que habilitan. Dedicaremos el siguiente capítulo a explicar pormenorizadamente todos estos conocidos procesos y ahondaremos en el papel que juegan en cuanto la gestión y ordenación de las *imágenes*. No obstante, es importante comprender que todas estas operaciones mentales no pueden explicarse sin la participación de los componentes biológicos del sistema nervioso, pues ambas facetas –*hardware* y *software*– son las dos caras de una misma moneda y establecen relaciones de interdependencia. En el funcionamiento conjunto del sistema nervioso y de las operaciones cognitivas reside el verdadero potencial de nuestras habilidades mentales y, sin esta cooperación, nunca hubiéramos podido desarrollar la habilidad de hablar sobre lo que no existe.

Esta forma de operar que habilita nuestro sistema nervioso se corresponde con lo que entendemos como inteligencia creativa o lo que Damasio entiende como consciencia extendida y trajo consigo nuevas formas de actuar con eficiencia –hasta ahora no notificadas en otros mamíferos– para superar ventajosamente las dificultades que se presentan diariamente en nuestros entornos. Esta capacidad de gestión de las *imágenes* mentales habilita al ser humano para encontrar nuevas formas de solucionar problemas a través de la elaboración de previsiones y de la contemplación de estrategias para anticiparse a posibles escenarios futuros y

---

[99] Damasio, *The Strange Order of Things*, 62–63.

favorecer, así el imperativo homeostático que le lleva constantemente a perseguir su bienestar[100].

La consciencia extendida y su inteligencia creativa –que facilita nuestra supervivencia a través de la resolución de problemas que aparecen en el entorno a través de la elaboración de previsiones– es lo que habilita al ser humano para pensar, no sólo en objetos y eventos recordados o presentes –como son capaces de hacer los organismos que disponen de una consciencia central–, sino que también le permite prever posibilidades futuras con un grado de complejidad hasta ahora no desarrollado por ningún otro tipo de organismo[101]. Esta capacidad para elaborar previsiones completas es la que utilizamos para crear y compartir información sobre objetos y eventos sin materialidad en nuestro entorno interno o externo. Sin ella, no hubiéramos podido idear un sistema económico, ni tampoco a Gandalf el Gris o la Declaración Universal de Derechos Humanos. Sin ella tampoco hubiéramos compartido información sobre Zeus.

Ahora bien, es necesario recalcar que este tipo de consciencia creativa que permite elaborar complejas previsiones no surgió de la noche a la mañana[102], sino que se fue articulando, gradualmente, junto con la evolución biológica de nuestro sistema nervioso; un proceso en el que se especula que el desarrollo de la corteza prefrontal fue clave. Se teoriza que primero se utilizaban las *imágenes* generadas desde los componentes más antiguos del interior del organismo –aquellos que conforman el sistema interoceptivo químico-visceral– y que poco a poco fueron apareciendo sensaciones que surgieron a partir de *imágenes* generadas desde componentes internos menos antiguos, producto de la evolución, como es el sistema interoceptivo músculo-esquelético. La combinación de estos dos conjuntos de representaciones fue el primer paso hacia nuestro tipo de consciencia extendida. En último lugar, a través del mismo sistema

---

[100] Damasio, *The Strange Order of Things*, 72.

[101] Lewis-Williams, *La mente en la caverna*, 91.

[102] Hay que apuntar, aun así, que, aunque los primeros humanos modernos ya estaban equipados con sistemas nerviosos que permitían la contemplación de eventos futuros, lo cierto es que esta capacidad tardaría muchos siglos en optimizarse, a través de la adaptación al medio, para dar lugar a concreciones como las creencias religiosas o la literatura.

de generación de *imágenes* a partir mapas neurales y el desarrollo de su potencial inherente, llegamos a ser capaces de prever futuros[103], lo cual trajo consigo la aparición de la capacidad simbólica que dio lugar a las lenguas naturales verbales. Estas lenguas actúan como artefactos que nos permiten compartir con otros organismos similares, con extrema eficiencia, nuestra actividad mental[104].

En síntesis, al respecto de la relación entre nuestro sistema nervioso –*hardware*– y nuestras operaciones cognitivas –*software*– podemos extraer cuatro ideas esenciales[105]. 1) La emergencia de los sistemas nerviosos fue indispensable para habilitar la vida en los organismos multicelulares y, durante toda la evolución, estuvieron al servicio de la homeostasis general del cuerpo y, por tanto, de su supervivencia y su bienestar. 2) El sistema nervioso es el nexo entre el organismo y sus entornos exteriores e interiores. Interactúa con ambos. 3) La evolución de nuestro sistema nervioso permitió el desarrollo de la consciencia extendida y de su singular habilidad para gestionar las *imágenes* mentales. Esta habilidad es la que permite al ser humano pensar en eventos futuros que no han ocurrido y, por tanto, hablar sobre lo que no existe. 4) La evolución de los sistemas nerviosos trajo consigo la posibilidad de una homeostasis neuralmente mediada. Muchos resultados de nuestras mentes parecen trascender el propósito homeostático, pero resulta innegable que no habrían sido posibles sin él.

---

103 Hemos de considerar que, aunque muchas veces destacamos al cerebro como único artífice de toda la vida mental, no podemos desmerecer en este proceso el papel del resto del organismo, al que el mismo sistema nervioso responde como coordinador de sus procesos vitales internos y de su relación con el entorno exterior. Aunque podemos observar que algunos aspectos psicológicos complejos están alejados de nuestras funciones vitales básicas, lo cierto es que ambos se encuentran muy vinculados en una relación interdependiente. Es por esto por lo que dice Damasio que toda nuestra vida mental está intervenida (aunque no determinada), en mayor o menor medida, por el imperativo homeostático, inherente a nuestra naturaleza, a pesar de que la actividad mental humana pueda trascender a veces esta misión principal. Por tanto, si bien hay veces que podemos construir productos, artificios (como el arte) que no surgen como una respuesta directa de ese imperativo homeostático, tampoco pueden ser considerados como ajenos a él porque, al final, no serían posibles sin aquellos constituyentes biológicos que evolucionaron y se desarrollaron directamente determinados por este imperativo.

104 Damasio, *The Strange Order of Things*, 66; 77.

105 Damasio, *The Strange Order of Things*, 65.

La selección natural y la genética tuvieron un papel crucial en la evolución de estos sistemas nerviosos y de la consciencia, pero en todo este proceso no podemos obviar, también, el factor adaptativo. La consciencia extendida, exactamente tal cual la experimentamos hoy, no apareció de súbito con la llegada del *Homo sapiens.* Arqueólogos e investigadores piensan que, si bien la variante evolutiva del *sapiens* ya poseía un sistema nervioso con potencial contemplar futuros o posibilidades no sucedidas y actuar en previsión a ellas en favor de su bienestar, lo cierto es que los hallazgos del Paleolítico superior de los que hoy disponemos manifiestan diferentes niveles de complejidad artística en los productos elaborados por *Homo sapiens* coetáneos que habitaron emplazamientos distintos. Esto significa que en el Paleolítico superior el ser humano ya poseía una consciencia extendida que le permitía manipular con destreza *imágenes* mentales y, por tanto, crear objetos y eventos mentales sin materialidad física en los entornos y compartirlos. No obstante, los logros que atestiguan esta capacidad –creación de jerarquías, creación de herramientas, arte...– parecen alcanzarse de forma progresiva y a veces surgen por una necesidad de adaptarse al entorno externo a causa de circunstancias ambientales o debido a circunstancias motivadas por la interacción con sus propios congéneres o con otras variantes evolutivas –como la de los Neandertales[106] – con las que compartieron espacio y tiempo[107]. Por tanto, hay que considerar que el desarrollo de nuestra consciencia –la Revolución Cognitiva– fue un proceso gradual determinado, no sólo por condicionantes genéticos, sino también por circunstancias ambientales y sociales.

---

[106] Se sabe que, si bien los Neandertales parecieron imitar ciertos comportamientos de los *Homo sapiens*, probablemente fueron incapaces de comprender de forma profunda sus implicaciones y de emular otras actividades mucho más complejas que requerían este tipo de consciencia (por ejemplo, la organización jerárquica en torno a creencias y otro tipo de construcciones intersubjetivas). Se cree que, aunque quizá los *Homo sapiens* pudieron compartir cierta información con sus vecinos, es más que probable que pronto intuyeran que sus capacidades cognitivas les posicionaban en un escalafón de superioridad en lo que respecta a la supervivencia. Esto pudo derivar en una potencial explotación deliberada de su propio potencial cognitivo, que viene introducido por esa habilidad especial para el *mapeo* de los entornos y la generación de *imágenes* internas. No obstante, es destacable que muchas de las realizaciones culturales más distintivas de nuestra variante evolutiva (como los lenguajes) son también rastreables en otras variantes evolutivas como la de los Neandertales, si bien en éstas no alcanzaron el mismo nivel de desarrollo. Véase Steven Mithen, *The Singing Neanderthals. The Origins of Music, Language, Mind, and Body* (New York: Basic Books, 1994).

[107] Lewis-Williams, *La mente en la caverna*, 71–102.

CAPÍTULO TRES

El *software* que llamamos consciencia

Memoria autobiográfica y aprendizaje

La flexibilidad con la que el ser humano es capaz de manipular intencionadamente la estructura del flujo de *imágenes* mentales que experimenta viene de la mano de una capacidad memorística muy determinada, sin la que el *Homo sapiens* no podría llevar a cabo esta gestión de *imágenes* tan transversal.

Explicamos que la forma en la que percibimos e interpretamos el entorno los seres humanos está mediada por nuestra capacidad, no sólo de saber qué ocurre a nuestro alrededor y de qué forma interacciona con nuestro organismo, sino también de saber que sabemos lo que ocurre a nuestro alrededor y cómo interacciona con nuestro organismo. Una vez explicado el funcionamiento de los dispositivos biológicos que nos permiten obtener información externa e interna a nuestro organismo –la cual da lugar a *imágenes* mentales–, vamos a incidir, ahora, en la misma construcción de esas *imágenes*, que son la base de las operaciones de nuestra consciencia.

La creación de *imágenes* mentales de cualquier tipo, de las más simples a las más complejas, es el resultado del ensamblaje de mapas por parte de los dispositivos neuronales. Este ensamblaje permite a los mapas interactuar entre sí, de forma que las *imágenes* combinadas resultantes crean conjuntos de *imágenes* más complejos que representan el universo externo al sistema nervioso y también el interno al mismo[108]. Además, la

---

[108] Véase James. V Haxby et al., 'Object-form topology in the ventral-temporal lobe', *Trends in Cognitive Sciences* 4/1 (2000), 3–4. https://doi.org/10.1016/s1364-6613(99)01423-0; James V. Haxby et al., 'Distributed and Overlapping Representations of Faces and Objects in Ventral Temporal Cortex', *Science* 293/5539 (2001), 2425–2430. doi: https://doi.org/10.1126/science.1063736; Alumit Ishal et al., 'Distributed Representation of Objects in the Human Ventral Visual Pathway',

forma en la que se distribuyen los mapas y sus *imágenes* mentales relativas es aún más compleja: aquellas *imágenes* relacionadas con el entorno interior se integran, primero en el tallo cerebral, aunque se re-representan y expanden en algunas zonas clave del córtex cerebral. Las *imágenes* relacionadas con el entorno exterior se integran, la mayoría, en el córtex cerebral[109].

La experiencia que percibimos sobre los entornos internos y externos a partir de estas *imágenes* mentales es multisensorial[110]. Los órganos que permiten nuestros sentidos –visuales, auditivos, olfativos, gustativos y somatosensoriales– están conectados para percibir los eventos y los objetos y trabajan de forma conjunta[111]. Esto puede ocurrir gracias a que las *imágenes* que se reciben desde estas fuentes se generan en las zonas corticales visuales, auditivas o táctiles, pero luego se integran en otras áreas corticales que favorecen la asociación[112]. El resultado de esta interconexión entre zonas cerebrales es la percepción de un momento particular en el tiempo es experimentado por el individuo como un todo. Este trabajo en conjunto es posible gracias a la activación simultánea y secuencial de varias regiones separadas del cerebro; un proceso que Damasio compara –para hacerlo más comprensible– con la edición y el montaje de una película. El resultado, dice, se experimenta de forma fluida y se desvanece conforme otras imágenes acontecen, aunque queda codificado en nuestras estructuras neuronales un residuo al que solemos entender como

---

Proceedings of the National Academy of Sciences 96/16 (1999), 9379–9384. doi: https://doi.org/10.1073/pnas.96.16.9379 y Alumit Ishai et al., 'The representation of objects in the human occipital and temporal lobe', *Journal of Cognitive Neuroscience* 12/2 (2000), 35–51. https://doi.org/10.1162/089892900564055.

109 Véase Stephen M. Kosslyn et al., 'Topographical representations of mental images in primary visual cortex', *Nature* 378/6556 (1995), 496–498. doi: https://doi.org/10.1038/378496a0 y Scott D. Slotnick et al., 'Visual Mental Imagery Induces Retinotopically Organized Activation of Early Visual Areas', *Cerebral Cortex* 15 (2005), 1570–1583. doi: https://doi.org/10.1093/cercor/bhi035.

110 Véase Lawrence E. Marks, *The Unity of The Senses: Interrelations Among the Modalities* (New York: Academic Press, 1978).

111 Damasio, *The Strange Order of Things*, 87.

112 Véase Kingson Man et al., 'Sight and Sound Converge to Form Modality-Invariant Representations in Temporoparietal Cortex', *Journal of Neuroscience* 21/47 (2012), 16629–16636. doi: https://doi.org/10.1523/jneurosci.2342-12.2012 y Kingson Man et al., 'Convergent and Invariant Object Representations for Sight, Sound and Touch', *Brain Human Mapping* 36/9 (2015), 3629–3640. doi: https://doi.org/10.1002/hbm.22867.

memoria. La experiencia fluida e ininterrumpida de *imágenes* mentales es lo que reconocemos como mente.

En este proceso hay que considerar que todas las *imágenes* mentales que creamos a partir de la información recibida del exterior del organismo se procesan paralelamente a las respuestas afectivas que esas mismas *imágenes* están produciendo cuando actúan en ciertas zonas del cerebro: en concreto, en el núcleo del tallo cerebral y de las cortezas cerebrales, que están relacionadas con la representación del estado corporal. Esto significa que nuestro cerebro no sólo se ocupa de interpretar los eventos que interaccionan con nuestro organismo, sino que también genera mapas neurales[113] e integra estados internos que resultan en *imágenes* mentales que identificamos comúnmente como sensaciones o sentimientos y que explicaremos con detalle en este capítulo más adelante[114].

Por tanto, si hablábamos en el anterior capítulo de que las unidades esenciales y más reducidas de nuestro sistema nervioso (*hardware*) son las neuronas, las unidades esenciales de nuestra consciencia (*software)* son las *imágenes* mentales que, como acabamos de ver, son el resultado de la combinación de elementos y operaciones que cooperan entre sí. La *imagen* es la unidad mínima sobre la que se articula y complica toda nuestra consciencia: puede ser la *imagen de* un objeto o de un evento (de una cosa, o de lo que hace una cosa, o un conjunto de cosas...), la *imagen de* lo que algo te hace sentir (sensación) o incluso la *imagen de* una palabra o de un conjunto de palabras que traducen y hacen comunicable entre *Homo sapiens* todas estas *imágenes* mentales que dan lugar a nuestra cognición.

Antes introducíamos la posibilidad de que estas *imágenes* mentales se combinaran e interrelacionaran entre sí para dar lugar a una percepción más completa y compleja de los objetos y eventos externos e internos al organismo. Debemos tener en cuenta que estas combinaciones e interrelaciones de *imágenes* no sólo tienen que ver con integrar y combinar imágenes construidas a partir de la información recibida por los cinco sentidos. La combinación e integración de *imágenes* va mucho más allá y es más compleja: podemos percibir un objeto produciendo múltiples

---

[113] Damasio desarrolla, también, una explicación sintética sobre en qué zonas del sistema nervioso central tiene lugar la creación de este *mapeo* de la realidad y qué procesos, en concreto, sigue. Véase Antonio Damasio, *The Strange Order of Things,* 88.

[114] Damasio, *The Strange Order of Things*, 89.

mapas neurales de él a través de diversas modalidades sensoriales como la vista, el oído, el olfato.... Estos mapas neurales son experimentados como *imágenes* mentales combinadas. Además, no sólo creamos mapas neurales sobre el objeto, también creamos mapas neurales sobre los eventos en los que se inserta el objeto –el contexto–, en los que pueden existir más objetos interactuando entre sí. Toda esta labor de *mapeo* multisensorial produce múltiples *imágenes* mentales que se integran para general una experiencia total. Además, este proceso todavía adquiere un grado mayor de complejidad si consideramos que la experiencia mental que surge de la percepción de estos objetos puede estimular otras *imágenes* mentales emocionales (sensaciones) que, incluso, pueden desencadenarse porque la percepción de estos nuevos eventos y objetos ha estimulado la evocación –el recuerdo– de *imágenes* creadas a partir de percepciones pasadas. Vamos a ilustrar con un ejemplo el funcionamiento de este proceso, repleto de múltiples y complejísimas posibilidades:

Imaginemos que después de muchos años volvemos a la casa de campo de nuestros abuelos, ya fallecidos, en cuyo terreno sigue plantado un jazmín. El olor a jazmín –objeto percibido por nuestro olfato–, junto con la luz y el calor que emite el sol del mediodía –la percibimos e interpretamos a través de la vista y sentimos el calor gracias la modalidad somatosensorial–, actuando en un espacio de tiempo –un verano en el que estamos de vacaciones y nos encontramos relajados y sin obligaciones–, configura una experiencia compuesta por una serie de *imágenes* mentales interrelacionadas entre sí que activan otras almacenadas en nuestra infancia, en el tiempo en el que nuestra abuela seguía viva y, a esa misma hora, con una luz y un calor parecidos, arrancaba de la planta los capullos de jazmín más desarrollados que luego, puestos en un pequeño plato, daban al salón de la casa de campo un aroma muy parecido al de la *imagen* mental que hemos experimentado a partir de los mapas mentales que acabamos de generar. Las *imágenes* de objetos y eventos percibidas en el presente han activado otras *imágenes* de objetos y eventos creadas con anterioridad y remanentes en nuestras estructuras cerebrales y, esa activación –que llamamos recuerdo– ha desatado en nosotros otros mapas neurales emocionales que han resultado en la experiencia de *imágenes* internas –sensaciones facilitadas por componentes evolutivamente anteriores de nuestro sistema nervioso– que pueden desencadenar reacciones físicas como el llanto o la sonrisa.

La forma en la que las *imágenes* se interconectan y relacionan en distintas secuencialidades se corresponde, esencialmente, con lo que tendemos como narración, un término que hasta hace poco sólo se ha utilizado en el ámbito artístico pero cuya definición está en pleno proceso de apertura[115]. Las Ciencias Cognitivas ofrecen motivos reconsiderar la ampliación de este concepto[116]: si la base de la narración, tal cual la hemos entendido tradicionalmente, es la conexión de unidades informativas para configurar el relato de unos hechos, la forma en la que experimentamos cohesionadas las *imágenes* mentales se puede explicar cómodamente a través de las premisas que sustentan este concepto[117].

El flujo de experiencias de la mente está compuesto por múltiples unidades esenciales –*imágenes* mentales– que son significativas para el sujeto y que contienen información relativa a eventos y objetos externos e internos al propio organismo. Estas *imágenes* mentales se suceden de forma encadenada y, conjuntamente, generan significados más complejos e interrelacionados que fluyen y se desvanecen para dejar paso a las siguientes interconexiones de *imágenes* mentales. La experiencia de este flujo de *imágenes* puede dejar un rastro (recuerdo), lo cual significa que los mapas neurales que se corresponden a estas cadenas de *imágenes* se quedan registrados en nuestras estructuras cerebrales, de modo que pueden ser esencialmente reactivados en el futuro y, por tanto, ser experimentados en forma de *imágenes mentales* en el conjunto de actividades que conforman nuestra consciencia.

Nuestro cerebro dispone de diferentes regiones sensoriales que contribuyen a encadenar y secuenciar las *imágenes* mentales de una forma narrativa. Nuestras estructuras asociativas coordinan los tiempos y ritmos de la composición de esas secuencias de *imágenes*, las cuales se experimentan durante un tiempo limitado antes de desaparecer para dar paso a las siguientes:

---

115 Véase Eder Jens, 'Narratology and Cognitive Reception Theories', en Tom Kindt y Hans-Harald Müller, eds, *What is narratology? Questions and answers regarding the status of a theory*, (Berlin: De Gruyter, 2003).

116 En sus populares trabajos, Jerome Bruner ya afirma sin reservas que la experiencia humana se organiza siempre en forma de historias narrativas. Véase Jerome Bruner, 'The Narrative Construction of Reality', *Critical Inquiry* 18/1 (1991), 4.

117 Explicábamos con anterioridad que nuestra atención es sólo capaz de focalizarse en la información de forma lineal y que no puede atender completamente con simultaneidad varios eventos percibidos al mismo tiempo. Cabe pensar que, quizás, la forma en la que la narración tiende a conectar las unidades informativas con linealidad puede tener un correlato con la manera en la que somos conscientes de la realidad con cierta linealidad.

> Any primary sensory region can be called on to contribute, as needed; all association cortices need to participate in the timing and dispatch functions. One particular collection of association cortices that has recently been investigated in detail constitutes the so-called default mode network. This network appears to play a disproportionate role in the process of assembling narratives[118].
>
> [Cualquier región sensorial primaria puede ser llamada a contribuir, si es necesario; todas las cortezas de asociación necesitan participar en las funciones de sincronización y envío. Un conjunto concreto de cortezas de asociación que se ha investigado recientemente en detalle constituye la llamada red de modo por defecto. Esta red parece desempeñar un papel desproporcionado en el proceso de ensamblado de narrativo].

Además, es importante reseñar que, si bien en la conformación de estas narrativas son importantes las *imágenes* originales creadas a partir de la percepción directa de objetos o estados internos o externos a nuestro organismo, lo cierto es que este sistema de encadenamiento de *imágenes* permite introducir en estas secuencias incontables derivaciones que pueden converger en modificaciones, las cuales pueden o no ser producto de manipulaciones intencionadas y conscientes. Esto es posible porque el procesamiento cerebral de las *imágene*s mentales permite abstraer esas mismas *imágenes* y descubrir el esquema estructural sobre el que se sustentan y que subyace a las mismas[119]. Este hecho significa, por ejemplo, que, conscientemente o no, durante la activación de una narrativa de *imágenes* almacenada y codificada en nuestro sistema nervioso podemos colocar otras *imágenes* –o secuencias de *imágenes*– distintas a las más predecibles o esperables. Pensamos que esta habilidad manipulativa podría ser consecuencia del desarrollo evolutivo de las fibras que subyacen al lóbulo prefrontal y favorecen una conectividad masiva en el cerebro en especies derivadas del primate. Decíamos anteriormente que Dehaene y Changeux explican que la conectividad que facilitan estas fibras es muy útil para hacer converger toda información procedente de distintos lugares del cerebro en la corteza prefrontal. Según las teorías de Dehaene, este lugar cortical –que denomina *working space* [espacio de trabajo]– es el que utilizamos para manipular y gestionar intencionalmente toda la información de la que disponemos. Por tanto, tendría sentido pensar que esta inusual e hiperdesarrollada conectividad estructural de nuestros cerebros

---

118 Damasio, *The Strange Order of Things*, 92.

119 *Ibid.*

es la que nos permite gestionar y estructurar –manipular– voluntariamente las narrativas de *imágenes* mentales que experimentamos.

Este sistema de encadenamiento narrativo de *imágenes* mentales y la habilidad cognitiva de manipular conscientemente el flujo de *imágenes* interconectadas nos permite comprender por qué el *Homo sapiens* no sólo es capaz de ser consciente de su presente y de los eventos registrados en el pasado, sino también de prever posibilidades futuras que todavía no han acontecido. Este dato es sumamente importante para el tema que nos ocupa, porque significa que el ser humano no sólo registra experiencias mentales vividas, sino que también puede crear nuevas experiencias o *imágenes* mentales a partir de las que ya tiene registradas. Nuestra capacidad manipulativa, favorecida posiblemente por la alta conectividad que nuestros cerebros han alcanzado en el proceso de la evolución, es el cimiento de aquello que comúnmente denominamos creatividad, que hasta ahora hemos explicado a través de presuposiciones metafísicas y mitos como el del poeta furioso o las musas y que consideramos indispensable para la existencia del arte. En síntesis, esta capacidad nos habilita para pensar en lo que no tiene materialidad en nuestro entorno y también para hablar sobre ello con otros semejantes. Gracias a ella, hemos creado a Gandalf el Gris, pero también le debemos la creación del lenguaje –sin el que no podríamos haber conocido todos a Gandalf– y de otras realidades compartidas como el dinero, la ideología, la religión o el arte.

> That imaginative process, which, in and of itself, is a complicated stew of current thoughts and old thoughts, of new images and old recalled images, is also unfailingly being committed to memory. The creative process is being recorded for possible and practical future use. It can come tumbling back to our present, ready to enrich our pleasure with a supplementary moment of happiness or deepen our suffering after lose. This simple fact alone justifies the exceptional status of humans all living beings[120].

> [Ese proceso imaginativo, que en sí mismo es una complicada mezcla de pensamientos actuales y viejos pensamientos, de imágenes nuevas y viejas imágenes recordadas, también se graba indefectiblemente en la memoria. El proceso creativo se graba para un uso posible y práctico en el futuro. Puede volver a nuestro presente, listo para enriquecer nuestro placer con un momento suplementario de felicidad o agravar nuestro sufrimiento después

[120] Damasio, *The Strange Order of Things*, 97.

de la pérdida. Este simple hecho justifica por sí solo el estatus excepcional de todos los seres vivos]

Por tanto, la habilidad de intervenir las narrativas de *imágenes* no nos permite únicamente sustituir –consciente o inconscientemente– *imágenes* o secuencias de *imágenes* durante la reactivación de las narrativas de *imágenes* almacenadas y codificadas en nuestras estructuras mentales. Esto significa que, en ocasiones, las narrativas de *imágene*s que configuran nuestros recuerdos, por diversos motivos, no son del todo fieles a las *imágene*s originales que se experimentaron con la creación de mapas neurales a partir de la interacción con objetos y eventos externos o internos a nuestro organismo. Esta capacidad se convierte, también, en un mecanismo para simbolizar de forma compleja objetos y eventos que no tienen una materialidad física en nuestros entornos –o que, como diríamos comúnmente, no existen–, con todo lo que ello conlleva.

Esto es, en su conjunto, lo que Damasio entiende como consciencia extendida y se construye sobre dos pilares maestros: un gran poder de retentiva de estímulos experimentados y la posibilidad de evocarlos y gestionarlos voluntariamente. Ya hemos explicado que la evocación y gestión de estas experiencias obedece a un orden narrativo y que la capacidad manipulativa que conlleva –que es lo que comúnmente denominamos creatividad– nos permite no sólo recrear experiencias pasadas, sino construir nuevas experiencias no vividas a partir de las ya experimentadas. Ahora es momento de ahondar en esta increíble habilidad memorística –que Damasio entiende como memoria autobiográfica– y mencionar los beneficios evolutivos que conlleva.

La memoria autobiográfica[121] es el registro de experiencias vividas por el organismo individual. Este registro de patrones neurales que pueden reactivarse para evocar *imágenes* es muy extenso y completo en individuos con nuestra capacidad cognitiva[122] y, de acuerdo con la teoría de Baars y de Dehaene, se debe a un desarrollo evolutivo especial de la corteza prefrontal. Sobre este registro se construye la sensación del yo autobiográfico, que se constituye con la reactivación de los patrones neurales que dan lugar a los recuerdos autobiográficos –en forma de *imágenes*

---

[121] Damasio, *The Feeling of What Happens*, 198–200.

[122] Véase Antonio Damasio, 'Time-locked multiregional retroactivation: A system-level proposal for the neural substrates of recall and recognition', *Cognition* 33/1-2 (1989), 25–62. doi: https://doi.org/10.1016/0010-0277(89)90005-x.

mentales– en los que el organismo se reconoce. Además, tenemos la habilidad de retener y evocar las *imágenes* mentales que componen este registro durante mucho tiempo para que puedan ser intencionalmente gestionadas: manipuladas, restructuradas.... Esto es lo que distinguimos como memoria operativa –*working memory*–, que es la capacidad que utilizamos, por ejemplo, para retener las instrucciones de una receta de cocina o un número de teléfono de siete dígitos. Por tanto, podemos decir que la memoria no es un recurso unitario y compacto: existen múltiples tipos de memoria que se integran entre sí y, también, varias clasificaciones para reconocerlas y designarlas a partir de diferentes criterios. Por ejemplo, según la temporalidad –por cuánto tiempo somos capaces de fijar los recuerdos–; según su contenido –qué tipo de información almacena una y otra habilidad memorística: caras, figuras, hechos relevantes...–; según el tipo de estructuras cerebrales que son responsables de cada una de estas capacidades memorísticas... Así, hablamos de memoria autobiográfica o personal, memoria a corto plazo, memoria explícita, memoria episódica...[123].

La memoria autobiográfica existe gracias a una mejora evolutiva de la capacidad memorística de nuestros cerebros, a través de la cual el *Homo sapiens* puede disponer de una cantidad ingente de información registrada y de una forma de gestionarla que le permite desarrollar complejos comportamientos que no son observables en otros seres vivos. De nuevo, como en el caso anterior, pensamos que esta mejora puede deberse a la expansión sin igual que tiene lugar en la corteza prefrontal de los *sapiens* y que ya se evidencia, en general y en menor medida, en algunos primates. Encontramos sentido en que las particularidades biológicas y estructurales de nuestro lóbulo frontal, que facilitan la conectividad entre áreas del cerebro, hayan favorecido el desarrollo de nuestra capacidad de retener información y de nuestra habilidad para gestionarla, lo cual tiene como consecuencia nuestro tipo de vida mental, a la que Damasio llama consciencia extendida y que se cimienta sobre la consecuente sensación de que el individuo es consciente de ser consciente. En resumen: gracias a

---

[123] Patricia J. Bauer, 'Complications Abound, and Why That's a Good Thing', en Jodi A. Quas y Robyn Fivush, eds, *Emotion and Memory in Development. Biological, Cognitive & Social Considerations* (New York: Oxford University Press, 2009), 375–376 y Leslie J. Carver y Annette Cluver, 'Stress Effects on the Brain System Underlying Explicit Memory', en Jodi A. Quas y Robyn Fivush, eds, *Emotion and Memory in Development. Biological, Cognitive & Social Considerations* (New York: Oxford University Press, 2009), 278–280.

mejoras evolutivas y adaptativas, adquirimos la capacidad de retener más información y de gestionarla voluntariamente, lo cual –inevitablemente– nos condujo a sabernos constantemente en posesión de esa información.

Al respecto del proceso de fijación y recuerdo de las *imágenes* mentales, es necesario destacar que los patrones neurales que se corresponden con cualquier *imagen* creada son susceptibles de ser, en mayor o en menor medida, codificados para su fijación en nuestras estructuras cerebrales. Según John R. Anderson y Lael J. Schooler, nuestro sistema memorístico se adapta a las estructuras del entorno, lo cual implica que los recuerdos que retenemos varían de acuerdo con lo útiles que resultan para el individuo en su vida diaria[124]. Una vez vueltas a evocar –recordadas– las *imágenes* mentales, la fidelidad que guarden o no con la primera vez que fueron experimentadas depende de múltiples circunstancias y muchas tienen que ver con las sensaciones o sentimientos de carácter emocional que desencadenaron durante su proyección original[125]. El proceso de reconstrucción de las *imágenes* mentales recordadas puede dar lugar a experiencias muy refinadas y completas –muy reales– que pueden, incluso, competir al nivel de las *imágenes* mentales que están siendo simultáneamente generadas a partir de la interpretación presente del entorno[126]. De hecho, durante el recuerdo de hechos experimentados, en ocasiones tendemos a completar lagunas o vacíos de información de los que no conservamos registro a través de la manipulación consciente o inconsciente de las secuencias narrativas de *imágenes* mentales –suponemos información, completamos información con detalles que no sabemos si ocurrieron, pero que pudieron ocurrir…– y esto nos conduce a recordar los hechos de un modo distinto al que sucedieron.

Los recuerdos en forma de *imágenes* mentales que vuelven a evocarse son experiencias a las que sólo el organismo puede acceder porque forman parte de su vida mental, de aquello que hemos identificado como un tipo de *software.* No obstante, estas evocaciones no podrían ocurrir sin una serie de modificaciones temporales que ocurren en nuestros

---

124 John R. Anderson y Lael J. Schooler, 'Reflections of the Environment in Memory', *Psychological Science* 2 (1991), 400. doi: https://doi.org/10.1111/j.1467-9280.1991.tb00174.x.

125 Véase Kaspar Meyer y Antonio Damasio, 'Convergence and divergence in a neural architecture for recognition and memory', *Trends in Neuroscience* 32/7 (2009), 376–382. doi: https://doi.org/10.1016/j.tins.2009.04.002.

126 Damasio, *The Strange Order of Things*, 93.

circuitos neuronales, que hemos identificado con el *hardware*[127]. Estas modificaciones no son más que la reactivación de patrones neurales que van asociados a las *imágenes* que, posteriormente, experimentamos como recuerdos. Estas imágenes pueden ser de todo tipo y pueden aparecer de forma aislada o como partes de narrativas que se recrean de nuevo. Los patrones neurales que codifican la experiencia de estas *imágenes* o narrativas de *imágenes* se fijan en nuestra arquitectura cerebral en los dos hemisferios, en la región cortical occipital, temporal, parietal y frontal. Estas regiones están interconectadas por circuitos neuronales bidireccionales con las cortezas sensoriales en las que los patrones neurales que dan lugar a las *imágenes* originales son primeramente ensamblados. Para reconstruir las *imágenes* mentales –con más o menos precisión– durante el proceso de recuerdo, usamos estos circuitos neuronales de doble dirección en sentido inverso: partimos de las regiones en las que se encuentran fijados o codificados estos patrones y los efectos de reconstruirlos se producen en las regiones que se utilizaron para el ensamblaje de los patrones neurales que dieron lugar a las *imágenes* originales. Damasio llama a este proceso 'retroactivación' y en él es imprescindible la acción del hipocampo, porque es el componente que produce el más alto nivel de integración de las *imágenes* y es el que permite la conversión de las codificaciones temporales en permanentes. El hipocampo, por tanto, es el elemento que facilita el acceso a la memoria a largo plazo, que es el conjunto de narrativas de *imágenes* fijadas[128].

Llegados a este punto, no podemos hablar de la memoria sin hablar al mismo tiempo del aprendizaje y, de hecho, este depende directamente de nuestra capacidad para recordar. De acuerdo con Dehaene[129], el aprendizaje es el resultado de un complejo proceso evolutivo. La mayoría de las habilidades necesarias para nuestra supervivencia –respirar o comer, por ejemplo– no necesitan de este proceso. No obstante, vivimos en entornos con circunstancias cambiantes y nuestros organismos no están preconfigurados para enfrentarlas todas. Es aquí cuando entra en juego el aprendizaje, que no es más que el hecho de que algunos de nuestros circuitos cerebrales se adapten a estas circunstancias externas. Esta posibilidad

---

127 Hay que considerar que el fenómeno de la memoria o fijación de información no es sólo un mecanismo cognitivo. También está presente (en forma de modificaciones químicas) en organismos unicelulares, aunque de otra manera.

128 Damasio, *The Strange Order of Things*, 94–95.

129 Dehaene, *Reading in the Brain*, 142–144.

de adaptación es la característica que comúnmente entendemos como plasticidad cerebral. Ahora bien, hay que tener en cuenta que esta capacidad adaptativa es limitada. Nuestro cerebro no puede ser considerado un lienzo en blanco en el que cualquier operación puede tener lugar, ni tampoco como un órgano inflexible. Es verdad que el cerebro es parcialmente modificable, pero Dehaene argumenta que nuestra arquitectura cerebral ha sido constreñida por millones de años de evolución y esto significa que existen límites en lo que podemos aprender y, por tanto, en las reconexiones que nuestro cerebro puede llevar a cabo.

Todo esto implica que los artefactos culturales que construimos para hacer frente con mayor facilidad a las adversidades de la vida se adaptan, a las constricciones de nuestra arquitectura cerebral. Esta teoría de Dehaene desmonta por completo la vieja oposición entre herencia natural y herencia cultural. Para el neurocientífico, todo lo que aprendemos culturalmente tiene, necesariamente, un arraigo previo en nuestras estructuras cerebrales.

> Cultural artifacts can deviate considerably from the natural world in which we have evolved [...]. However, each of them must find its 'ecological niche' in the brain, or a neuronal circuit whose initial function is close enough and whose flexibility is sufficient to be converted to this new role[130].

> [Los artefactos culturales pueden desviarse considerablemente del mundo natural en el que hemos evolucionado [...]. Sin embargo, cada uno de ellos debe encontrar su 'nicho ecológico' en el cerebro, o un circuito neuronal cuya función inicial se aproxime lo suficiente y cuya flexibilidad sea adecuada para convertirse a este nuevo rol].

De acuerdo con Dehaene, la invención cultural surge a partir de la recombinación de circuitos neurales para producir nuevos objetos culturales que resultan de utilidad para los seres humanos y que pueden transmitirse de un cerebro a otro a través de la comunicación[131]. La invención, la transmisión y el aprendizaje –la fijación en la memoria– de un instrumento cultural es un proceso mucho más rápido que la evolución biológica de cualquier componente de nuestro organismo y nos permite adaptarnos a nuestro entorno y superar sus limitaciones con mayor productividad. Un ejemplo claro y directo sobre los beneficios –en términos

[130] Dehaene, *Reading in the Brain,* 146.

[131] Dehaene, *Reading in the Brain,* 147.

de supervivencia– de la invención cultural ha sido la rápida aparición de las vacunas contra el SARS-Cov-2, el virus que en diciembre de 2019 comenzó a amenazar gravemente el bienestar de la humanidad y que ocasionó la muerte de millones de personas en todo el mundo. Sólo diez meses pasaron hasta que comenzó la inmunización de todo el conjunto social frente al patógeno; un proceso que, de no haber sido por la invención cultural, se hubiera demorado muchos años y hubiera costado la vida de muchas más personas. Esta invención de artefactos culturales no necesita de cambios en nuestro genoma que nos permitan adaptarnos a las circunstancias adversas, sino que se sirve únicamente de los mecanismos neurales humanos que permiten el aprendizaje. Brian Boyd, desde una perspectiva biologicista, insiste también en que no se puede entender la cultura como un hecho ajeno a la biología. La evolución, según Boyd[132], nos ha hecho capaces de desarrollar artefactos culturales que nos ayudan a superar los cambios que se producen en nuestros entornos internos con mayor rapidez de la que permite la lenta evolución de nuestros genes. Por ello, el profesor defiende un uso intercambiable de los términos biocultural y evolucionario para definir la naturaleza humana y sus productos de un modo que considere la biología y la cultura como parte de una misma evolución natural.

De acuerdo con Dehaene, para que se dé la reconexión de estos circuitos neurales que facilita la plasticidad cerebral y a través de la que somos capaces de aprender nuevos artefactos culturales –lenguaje natural, música, matemáticas...– puede ser necesario un reciclaje neuronal[133]. El reciclaje neuronal es un concepto que introduce Dehaene y que va referido a la invasión parcial o total de un área cortical que inicialmente estaba destinada a otra función y que ahora desarrollará tareas relacionadas con el nuevo artefacto cultural. Se trata de transformar las funciones de unas neuronas que inicialmente estaban dedicadas a otro cometido y destinarlas a un nuevo uso más útil para la supervivencia actual.

Todo esto significa que nuestro cerebro tiene la capacidad biológica de reconfigurar sus conexiones neuronales para fijar nueva información que le pueda servir de utilidad al organismo hasta hacerle capaz de reasignar funciones a ciertas zonas corticales. Esta enorme ductilidad a la hora de fijar nueva información y sus resultados –los artefactos culturales– no

---

132 Brian Boyd, *On the Origin of Stories* (London: Harvard University Press, 2009), 25.

133 Dehaene, *Reading in the Brain*, 144–146.

serían posibles sin la singular capacidad memorística del *Homo sapiens* y su consciencia de ser consciente –consciencia extendida–, que le permite manipular voluntariamente las narrativas de *imágenes* ya fijadas para crear nuevas. Estas habilidades cognitivas –posibles gracias al desarrollo de la corteza prefrontal y a la enorme conectividad cerebral que favorece– condicionan nuestro comportamiento y constituyen una ayuda para nuestro organismo en lo que respecta a actuar de un modo más eficiente a la hora de relacionarse con los entornos. Eso significa que la creación de narrativas de *imágenes* sobre hechos que no tienen materialidad en nuestro entorno –la cual resulta de nuestra capacidad de manipular y estructurar voluntariamente recuerdos– optimiza nuestro aprendizaje de muchas formas. Vamos a poner un ejemplo sencillo: hemos hablado con María sobre política y ciertas discrepancias han generado una discusión incómoda para nosotros. A partir del recuerdo de ese evento y de las *imágenes* asociadas con él, no sólo evitaremos ahora volver a hablar de política en presencia de María; podemos, incluso, prever –gracias a la manipulación de narrativas de *imágenes* almacenadas– las zonas que transita María para evitarla porque somos capaces de conjeturar la posibilidad –no se sabe si cierta o no– de que tras la discusión siga enfadada con nosotros. Todo este razonamiento se debe a que después de la experiencia pretendemos evitar a toda costa una nueva discusión que desfavorezca nuestro estado anímico de nuevo. Hemos aprendido que no resulta positivo para nosotros hablar sobre este tema con María.

> The constant search and sweep of our memories of past and future enable us, in effect, to intuit possible meanings of current situations and to *predict* the possible future, immediate and not so immediate, as life unfolds. It is reasonable to say that we live part of our lives in the anticipated future rather than in the present. Possible this is one more consequence of the nature of homeostasis, with its constant projection beyond the present, in search of what comes next[134].

> [La búsqueda y el arrastre constantes de nuestros recuerdos del pasado y del futuro nos permiten, en efecto, intuir posibles significados de las situaciones actuales y predecir el posible futuro, inmediato y no tan inmediato, a medida que transcurre la vida. Es razonable afirmar que vivimos parte de nuestra vida en el futuro anticipado más que en el presente. Posiblemente ésta sea una consecuencia más de la naturaleza de la homeostasis, con su

[134] Damasio, *The Strange Order of Things*, 97.

constante proyección más allá del presente, en busca de lo que viene después].

Ahora bien, esta capacidad de anticipación ha llevado al ser humano mucho más allá de la resolución de conflictos como el que acabamos de mencionar. Es la que ha posibilitado la creación y la difusión de artefactos culturales entre organismos que disponen los mismos tipos de sistemas cognitivos. La capacidad de hablar sobre lo que no tiene materialidad en el entorno es la base de la simbolización sobre la que se han construido lenguajes y sobre la que también se sustenta lo que hoy entendemos como arte, política o economía. Todas estas creaciones contribuyen de diversas maneras a la mejoría de las respuestas de los individuos a las realidades internas y externas de sus organismos y, por tanto, favorecen el imperativo homeostático de nuestra especie. Tal y como asevera Dehaene, lo natural y lo cultural están unidos por una relación sólida de interdependencia y forman parte de un mismo todo. Queda por hablar todavía sobre cómo afectan estos artefactos culturales al bienestar individual y colectivo de nuestra especie y valorar el papel concreto que juegan creaciones como el arte y la literatura en esta regulación homeostática. Para ello, hemos de explicar antes un tipo de *imágenes* mentales que son una pieza clave en el impacto que el arte tiene sobre los seres humanos.

Emociones y sensaciones

Ya hemos explicado cómo experimentamos las *imágenes* mentales a partir de la generación, el recuerdo y la manipulación de patrones neurales y hemos especificado que las *imágenes* se suelen experimentar de forma conjunta y con simultaneidad porque establecen ensamblajes multidimensionales que son posibles gracias a las incontables interconexiones que trazan nuestros mapas neurales. Gracias a esto, disfrutamos de complejas experiencias mentales compuestas por *imágenes* mentales que pueden haber sido facilitadas por nuestro sistema exteroceptivo y por sus modalidades somatosensoriales –vista, olfato, oído…–, por nuestro sistema interoceptivo químico-visceral o por el músculo-esquelético. Cuando recordamos episodios de nuestras vidas, nuestras experiencias mentales se vuelven más ricas y vívidas cuantas más *imágenes* de distintos tipos participen en ese ensamblaje. No obstante, a continuación, vamos a considerar con detalle el papel especial que juegan en este ensamblaje un tipo de *imágenes* mentales en concreto, que comúnmente, solemos identificar como emociones sensaciones o sentimientos y que conviene explicar con detalle porque, como veremos más adelante, son el motor de la actividad artística del *Homo sapiens.*

Lo primero que conviene aclarar es a qué llamamos emoción[135]. Siguiendo las explicaciones de Damasio, las emociones son respuestas químicas o neurales que se constituyen en patrones que juegan un papel en la regulación de los procesos vitales del organismo. Llamamos, en cambio, sentimiento o sensación[136] a la experiencia mental privada e intransferible que un organismo vive a partir de una emoción. Las emociones son rastreables medibles y, en definitiva, en cierta manera observables en tercera persona, mientras que las sensaciones sólo son aprehensibles para el sujeto que las experimenta. Dice Joseph Ledoux: 'A subjective emotional experience, like the feeling of being afraid, results when become consciously aware that an emotion system of the brain, like the defense system, is active'[137] [Una experiencia emocional subjetiva, como la sensación de tener miedo, se produce cuando se es consciente de que un sistema emocional del cerebro, como el sistema de defensa, está activo].

Ahora bien, hemos de tener cuidado con estos dos conceptos: emoción y sentimiento. A lo largo de la tradición hemos categorizado, distinguido y nombrado los procesos emocionales que producen cambios en nuestro cuerpo a través de la observación consciente de nuestras sensaciones y sentimientos.. Esto ha llevado a muchos científicos estudiosos de las emociones a creer que siempre hay una correspondencia entre las reacciones emocionales que identificamos como miedo, sorpresa, ira o alegría y ciertos mecanismos y circuitos de nuestro organismo. No obstante, hemos de considerar que nuestra forma de distinguir las emociones responde a la creación de categoría subjetivas que cumplen una función en un contexto social[138]. La distinción entre ira, miedo y rabia no se basa en el estudio del funcionamiento mecánico y biológico de nuestro cuerpo, sino en la observación del comportamiento de los sujetos y de los cambios que se producen a simple vista en sus organismos. Esta distinción trata encontrar un sentido a esos cambios de conducta. Por ejemplo, nuestra

135 Damasio, *The Feeling of What Happens*, 51.

136 Damasio, *The Feeling of What Happens*, 42.

137 Joseph Ledoux, *The Emotional Brain. The Mysterious Underpinnings of Emotional Life* (London: Phoenix, 1998), 268.

138 Lisa Feldman Barret, 'Emotions Are Real', *Emotion* 12/3 (2012), 413–429, doi: https://doi.org/10.1037/a0027555.

respuesta a una amenaza –que, diríamos, está marcada por la emoción del miedo– no tiene por qué ser siempre la misma, sino que depende del contexto en el que se produzca. Esto significa que la respuesta neuronal y química para lo que culturalmente hemos categorizado como miedo no es siempre la misma. Por tanto, es necesario aclarar que cuando hablamos de las emociones y las sensaciones desde el plano neurocognitivo, no nos referimos a ellas en su dimensión cultural ni contemplamos las categorías miedo, alegría, tristeza, ira, desesperación...

Damasio explica[139] que las respuestas emocionales son un tipo de mecanismo bio-regulatorio que facilita la supervivencia. Las emociones cumplen una doble función biológica: preparar al organismo para que tenga una determinada reacción hacia un hecho o producir en el organismo una reacción frente a un hecho. La sensación que experimentamos si nos topamos con una leona que nos observa con una actitud predatoria viene inducida por una emoción y provoca como reacción que comencemos a correr. Asimismo, esa emoción prepara a nuestro organismo para esa reacción que será la carrera: nuestras pupilas se dilatan, la respiración se acelera junto con el ritmo cardiaco y la presión sanguínea. Además, nuestros músculos empiezan a recibir más sangre y glucosa. También son destacables otro tipo de emociones que no son inducidas del todo por objetos y eventos externos al organismo, sino más bien por procesos internos al mismo. Damasio las denomina emociones de fondo[140] y surgen a partir de factores que comprometen la regulación del bienestar vital del cuerpo, de continuos conflictos psicológicos... Ejemplos de sensaciones que experimentamos a partir de estas emociones pueden ser la fatiga tras un ejercicio o la tensión que nos causa la constante preocupación por un asunto. La expresión de estas emociones de fondo suele percibirse en pequeños cambios en la postura y la gestualidad del individuo, mientras que la expresión de emociones que proceden íntegramente de nuestros mecanismos exteroceptivos suele ser mucho más explosiva. Por supuesto, al igual que ocurre con el resto de *imágenes* mentales, las sensaciones que obtenemos muchas veces a partir de interacciones con el interior y con el exterior del cuerpo se encadenan formando experiencias complejas.

Teniendo en cuenta estas nociones básicas, podemos afirmar que, aunque nuestra alta capacidad cognitiva reviste de un nuevo nivel de

---

139 Damasio, *The Feeling of What Happens*, 53–56.

140 Damasio, *The Feeling of What Happens*, 52–53.

complejidad nuestros mecanismos emocionales, lo cierto es que las emociones son adaptaciones que favorecen la homeostasis de nuestros organismos y que, de hecho, aparecen pronto en la historia de la evolución de los sistemas nerviosos, ligadas a componentes antiguos[141] –como ciertos núcleos del tronco encefálico[142]– y al mismo nivel que otras operaciones como el metabolismo o los reflejos simples que también velan por la supervivencia de los organismos.

Las emociones no son, por consiguiente, exclusivas de organismos con una consciencia extendida, pero sí son propias de organismos con consciencia. Las emociones se corresponden con los mapas segundo orden que producen re-representaciones de los cambios que han ocurrido en un organismo y de aquello que los ha causado. Los sentimientos son las *imágenes* mentales que se experimentan a partir de los patrones neurales o químicos que consideramos emociones. Por tanto, esto implica que las emociones y los sentimientos van ligados a la consciencia central y que todo tipo de vida sintiente las experimenta. Cuando existe un accidente que compromete determinadas áreas que habilitan la consciencia extendida, las emociones desaparecen junto con otras facultades básicas como la vigilia o la atención. Ahora bien, las emociones y los sentimientos adquieren concreciones mucho más sofisticadas en organismos con capacidades intelectivas altas, lo cual resulta relevante para observar cómo su sustrato homeostático original también determina en esencia las complejísimas experiencias autobiográficas que se ven intervenidas por múltiples factores culturales.

La consciencia extendida habilita a los organismos para experimentar sentimientos no sólo a través de la percepción de objetos y situaciones, sino también de la evocación de *imágenes* mentales –recuerdo– de ciertos eventos y objetos que ya se experimentaron. El rango de estímulos que pueden inducir emociones en los organismos se amplía en los organismos con consciencia extendida y el desarrollo de las culturas supuso un impacto en nuestros mecanismos emocionales. La cultura 1) contribuye a fijar qué elementos y eventos funcionan como inductores emocionales externos al organismo, 2) determina algunas particularidades a propósito de la expresión de las emociones e 3) influye en el comportamiento y en los procesos cognitivos que tienen lugar en el sujeto con consciencia

---

141 Damasio y Carvalho, 'The nature of feelings', 143.
142 Damasio, *The Feeling of What Happens*, 247.

extendida después de la emoción. A medida que las culturas se desarrollan y los organismos adquieren nuevas y más complejas interacciones con el entorno, estos organismos comienzan a adquirir experiencia y aprendizaje sobre nuevos objetos y eventos con los que antes no se relacionaban y, por tanto, empiezan también a establecer vínculos sentimentales con ellos. La sensación que sentimos al estar delante de una leona y la respuesta biológica que el hecho induce en nuestro cuerpo –lo que socialmente entendemos como miedo– ya no sólo se produce cuando nuestro bienestar se encuentra comprometido por el ataque de un animal salvaje. Ahora también puede producirse cuando asistimos a una entrevista de trabajo que, en definitiva, es un evento cuyo final puede comprometer nuestra homeostasis: si la entrevista sale bien, continuaremos viviendo a cubierto, comiendo todos los días y podremos seguir llevando a cabo actividades que resultan positivas para nuestro organismo física y psicológicamente: apuntarnos al gimnasio, ir al cine, comprarnos la última videoconsola que nos permitirá jugar a nuestros títulos favoritos… Dice Damasio al respecto:

> The consequence of extending emotional value to objects that were not biologically prescribed to be emotionally laden is that the range of stimuli that can potentially induce emotions is infinite. In one way or another, most objects and situations lead to some emotional reactions, although some far more so than others […]. Emotion and the biological machinery underlying it are the obligate accompaniment of behavior, conscious or not[143].
>
> [Las consecuencias de extender el valor emocional a objetos que no estaban biológicamente prescritos para estar cargados de emociones es que el abanico de estímulos que pueden inducir emociones es infinito. De un modo u otro, la mayoría de los objetos y de las situaciones provocan reacciones emocionales, aunque algunas mucho más que otras [...]. La emoción y la maquinaria biológica que subyace a ella son el obligado acompañamiento de la conducta, consciente o no].

Las emociones y los sentimientos han acompañado la evolución de nuestros sistemas nerviosos y se han desarrollado conforme nuestros organismos han adquirido progresivamente un alto rendimiento cognitivo. Por supuesto, el progreso cultural ha condicionado el desarrollo de este mecanismo. Hemos de considerar que la mayor parte de eventos y objetos que forman parte de nuestra experiencia cotidiana adquieren

---

143 Damasio, *The Feeling of What Happens*, 58.

valores sentimentales para nosotros. No obstante, no podemos olvidar que nuestros mecanismos emocionales siguen vinculados a funciones homeostáticas que tienen un papel en el proceso de regulación de la vida de los organismos. Por ejemplo, una entrevista de trabajo, en principio, no parece una actividad que comprometa nuestra homeostasis del mismo modo en el que lo haría la presencia de una leona. Sin embargo, las posibles futuras consecuencias de que esa entrevista de trabajo acabe con un mal resultado –que somos capaces de prever de forma aproximada gracias a nuestra capacidad de gestión de las *imágenes* mentales– sí podrían comprometer nuestra calidad de vida y suponer una desventaja para nuestro organismo. La emoción y su consecuente sensación en forma de sentimiento –así como los cambios que nos preparan para esa emoción– se desatan ante la expectativa de esa desventaja.

Cuando se da una emoción en el organismo, algunas regiones del cerebro relacionadas con funciones propias de la consciencia central que se ocupan de los mecanismos de la emoción envían señales a otras regiones del cerebro y al resto del cuerpo. Lo hacen a través de dos vías y de dos tipos de señales distintas[144]: utilizan el torrente sanguíneo para enviar moléculas químicas que actúan en las células receptoras de los tejidos y también utilizan señales electroquímicas que se transmiten a través de las conexiones neuronales, en fibras musculares o en órganos que, una vez reciben la señal electroquímica, pueden liberar como respuesta otras moléculas químicas al torrente sanguíneo. Estos hechos provocan cambios en el organismo. Por ejemplo[145], durante una emoción las neuronas del hipotálamo, del prosencéfalo basal y del tallo cerebral liberan sustancias químicas en ciertas regiones del cerebro y, con este acto, cambian el comportamiento de muchos circuitos neuronales. Esto es lo que antecede a tener la posterior sensación de que algunos procesos mentales se aceleran o a posteriores sensaciones placenteras o negativas.

Otro aspecto destacable[146] es que no todas las emociones las desencadenan los mismos componentes del sistema nervioso, pero sí es cierto que no son muchos los componentes capaces de inducir emociones. Casi todos ellos están ubicados a un nivel subcortical, lo que significa que

---

[144] Damasio, *The Feeling of What Happens*, 66.

[145] Damasio, *The Feeling of What Happens*, 60.

[146] Damasio, *The Feeling of What Happens*, 59–62.

están emplazados debajo del córtex cerebral[147]. Esto tiene sentido si pensamos, de nuevo, que las funciones emocionales proceden de los componentes más antiguos del sistema nervioso, evolutivamente hablando. Los principales componentes subcorticales encargados de inducir procesos emocionales son el tallo cerebral, el hipotálamo y el prosencéfalo basal. Una de las áreas más importantes en este cometido se encuentra en el tallo cerebral y es la de la sustancia gris periacueductal, encargada de coordinar las respuestas emocionales. Otra área importante es la amígdala. Otros lugares de inducción a nivel cortical son el área cingular y la región ventromedial prefrontal. Cada uno de estos lugares se implica en el procesamiento de emociones en diversos grados y, asimismo, algunos de estos lugares son responsables también del reconocimiento de los estímulos externos que desatan las emociones. La amígdala, por ejemplo, parece ser la principal encargada de reconocer en otros rostros las emociones que llamamos miedo y de condicionar al organismo con ese miedo y provocar su posterior expresión.

Figura 3.1 Procesadores cerebrales encargados de la gestión emocional

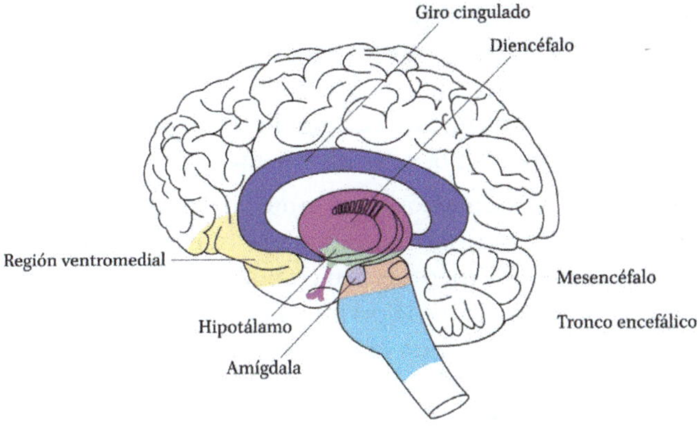

Ahora bien, ¿cómo llegamos a experimentar las *imágenes* mentales que identificamos como sensaciones o sentimientos y de qué manera lo hacemos? Los patrones neurales que dan lugar a las *imágenes* mentales de los sentimientos proceden de dos tipos de cambios: los relacionados con

---

147 Antonio Damasio y Gil B. Carvalho, 'The nature of feelings: evolutionary and neurobiological origins', *Nature Reviews Neuroscience* 14 (2013), 143. doi: https://doi.org/10.1038/nrn3403.

el estado vital del organismo y los relacionados con el estado cognitivo. El primer tipo de cambios se produce con el efecto que Damasio llama 'bucle corporal'[148] (*body loop*). Las señales químicas que se transmiten por el torrente sanguíneo y las electroquímicas que se producen de forma neural ocasionan cambios en el organismo que son representados en las estructuras somatosensoriales del sistema nervioso central. Existe otro proceso –que Damasio llama *as if body loop*– en el que la representación de estos cambios se crea directamente en mapas sensoriales del cuerpo en la corteza prefrontal. Esto provoca la impresión de que el cuerpo ha cambiado, aunque realmente no lo ha hecho. Este mecanismo evita el cuerpo en sí, parcial o por completo, y de esta forma se ahorra energía, lo cual resulta útil en determinados contextos. Este mecanismo no se produce sólo en el caso de las sensaciones, sino también en otros procesos que requieren simulaciones internas.

Los cambios relacionados con el estado cognitivo del organismo ocurren cuando los mecanismos de la emoción producen la secreción de algunas sustancias químicas en el núcleo del prosencéfalo basal, el hipotálamo y el tallo cerebral[149] y en la transmisión de esas sustancias a otras zonas del cerebro. Cuando estos núcleos liberan estas sustancias en la corteza cerebral, el tálamo y los ganglios basales provocan alteraciones en las funciones cerebrales como la instigación de ciertos comportamientos, cambios en el procesamiento del estado del organismo y cambios en la forma en la que procesamos cognitivamente.

Así pues, sentir una emoción, por tanto, no es más que la representación de los cambios transitorios que sufre el organismo en forma de patrones neurales que se experimentan como *imágenes* mentales. Cuando un organismo posee un yo que le permite llevar a cabo el acto de conocer los cambios que se producen en el cuerpo y que se experimentan como *imágenes*, las *imágenes* mentales de sensaciones o sentimientos pasan a ser conscientes. Pasan a sentirse. Poseer las *imágenes* mentales que entendemos como sentimientos resulta muy útil[150] en términos evolutivos para los organismos, porque alerta al organismo sobre los problemas que han desatado las emociones. Ser conscientes de que poseemos estas *imágenes* –que no es más que sentir que sabemos que tenemos sensaciones,

---

[148] Damasio, *The Feeling of What Happens*, 281–285.

[149] Anand Venkatraman et al., 'The Brainstem in Emotion: A Review', *Frontiers in Neuroanatomy*, 11/15 (2017), 1–12. doi: http://dx.doi.org/10.3389/fnana.2017.00015.

[150] Damasio y Carvalho, 'The nature of feelings', 146.

que sentimos– resulta más útil todavía en términos evolutivos porque nos permite tener un control y una planificación no estereotípica sobre las respuestas que nuestro organismo da a esas emociones. Es lo que nos permite, por ejemplo, decidir que resultaría contraproducente ponernos a correr antes de hablar en público, cuando experimentamos el paquete de sensaciones o sentimientos que asociamos con el miedo.

Comenta Damasio que algunos experimentos con ratas parecen indicar que hay una implicación directa de las emociones en el proceso de aprendizaje[151]. Los resultados de estos experimentos apuntan a que existe una mayor fijación de *imágenes* mentales para el recuerdo posterior cuanto mayores son las implicaciones emocionales de las mismas para el organismo. Esto significa, por ejemplo, que tenemos más facilidad para recordar –y, por tanto, para aprender– los detalles de un relato que nos ha impactado emocionalmente que los de un relato que no ha desencadenado en nosotros grandes respuestas emotivas. Esto es muy interesante e importante para considerar el impacto que los discursos artístico-narrativos tienen sobre los productores y los receptores y para observar las funciones que tiene la transmisión de relatos sobre objetos y eventos que no han sucedido en nuestros entornos. Como veremos, según Boyd, el arte, como el juego, es un comportamiento exploratorio a través del que los sujetos adquieren experiencia –aprenden– en contextos de bajo riesgo de cara a ganar competencia en posibles situaciones futuras.

El ensamblaje al que llamamos consciencia extendida

Ahora sabemos que, además de poseer experiencias mentales acerca de la realidad que nos rodea, somos capaces de crear nuevas experiencias mentales sobre eventos no acontecidos a partir de la modificación de las ya vividas. Ahora bien, ¿significa esto que los seres humanos poseemos dos tipos de *imágenes* mentales diferenciables; las que proceden de la observación del entorno y las que claramente son producto de la invención? La respuesta es negativa.

Las *imágenes* mentales que proceden de modificaciones de otras *imágenes* mentales recordadas no pueden, de entrada, considerarse por separado de aquellas que son el resultado experiencial de interactuar con nuestros entornos. Nuestro sistema de creación de *imágenes* mentales es

---

151 Damasio, *The Feeling of What Happens*, 294–295.

de una naturaleza multidimensional. Las experiencias mentales de nuestra memoria autobiográfica establecen entre sí complejas conexiones e interrelaciones, sea cual sea su procedencia[152] y su evocación o recuerdo puede condicionar la creación de cualquier nueva *imagen*, sea cual sea su procedencia. Por consiguiente, tanto las nuevas narrativas de *imágenes* que proceden de la modificación de recuerdos y que contienen información sobre objetos y eventos sin materialidad física como las nuevas narrativas de *imágenes* que proceden de una experiencia interactiva con objetos y eventos que sí tienen materialidad física en el entorno están, todas ellas, influenciadas por el gran conjunto de narrativas de *imágenes* o de experiencias mentales interconectadas de forma multidimensional que identificamos como recuerdos y que constituyen, de forma conjunta, el contenido de la memoria autobiográfica. Para explicarlo de una forma más sencilla: los procesos cognitivos de la invención afectan directamente a nuestra percepción del mundo exterior e interior y, asimismo, nuestra percepción del entorno determina nuestra capacidad de inventar.

Esta explicación, que puede antojarse un tanto compleja y contradictoria, es fácil de comprender a través de ejemplos cotidianos. Todos hemos experimentado cambios en la percepción de nuestro entorno externo tras ser receptores de un relato de terror. Un amigo nos cuenta un supuesto suceso paranormal y, tiempo después, cuando llegamos a casa, se hace evidente y perceptible cualquier pequeño sonido o sombra en nuestro entorno. Automáticamente, empezamos a conceder explicaciones paranormales a estos fenómenos que antes del relato ya estaban presentes pero que no captaban nuestra atención. Las experiencias mentales que tenemos a partir de la percepción de estos eventos están condicionadas por el conjunto de *imágenes* mentales que hemos experimentado a partir del relato. La leyenda está modificando nuestra manera de interpretar el entorno. Lo mismo ocurre, por ejemplo, en el siguiente supuesto: hemos actuado de una forma decepcionante para un amigo. Decidimos ocultarlo, pero, cuando le vemos, le notamos distante. Está esquivo, parco en palabras y percibimos incomodidad en su lenguaje corporal. Rápidamente, gracias a nuestra capacidad de crear narrativas de *imágenes* mentales a partir de

[152] Existen *imágenes* y narrativas de *imágenes* mentales que surgen a partir de la interacción con los entornos externos, otras aparecen como respuesta a eventos internos al organismo, otras proceden de la modificación de narrativas de *imágenes* recordadas, otras se crean como resultado de una decodificación lingüística en un proceso comunicativo a partir de la lectura de un texto o de una conversación…

la modificación de recuerdos, deducimos que se ha enterado y que está decepcionado con nosotros. Tomamos la decisión de enfriar progresivamente nuestra amistad sin saber que nuestro amigo había tenido ese día una discusión familiar y desconocía nuestra traición. De nuevo, nuestra capacidad de crear *imágenes* sobre hechos y eventos no ocurridos vuelve a condicionar nuestra percepción del entorno. Por último, y en sentido inverso, que las experiencias vividas y recordadas condicionan la creación de nuevas *imágenes* mentales sobre objetos y eventos sin materialidad en el entorno es observable, por ejemplo, en la creación artística de cualquier animal o raza fantástica: dragones, hipogrifos, elfos e incluso las aberrantes creaciones de Lovecraft tienen arraigo en animales existentes en nuestro entorno. En una dimensión distinta, también podemos considerar la influencia de nuestro entorno en la construcción de determinados artefactos culturales, como los sistemas de escritura. Según Dehaene, la percepción constante de determinadas formas en los objetos que nos rodean ha condicionado la existencia de muchas letras, símbolos o caracteres[153]. Algunos ejemplos de nuestro alfabeto son la O, L, Y, T, F… Según el neurocientífico, estas formas –que llama protoletras– están profundamente incrustadas en nuestras redes neurales y por ese motivo aparecen constantemente en creaciones culturales como los sistemas de escritura.

Que las experiencias mentales con información sobre objetos o eventos no existentes o sin materialidad física se nutran de las experiencias mentales que parten de la interacción con el entorno y viceversa significa que nuestra capacidad de inventar articula la manera en la que percibimos el entorno. Es una de las piezas determinantes en el ensamblaje de nuestra vida mental. Teniendo en cuenta todo esto, concluimos lo siguiente a propósito del funcionamiento de nuestros procesos cognitivos:

Nuestro *software* mental está articulado por: 1) *Imágenes* mentales, que son las unidades mínimas significativas de las experiencias mentales –sólo aprehensibles para el organismo que las experimenta– y que, conjuntamente, construyen el flujo de pensamiento ininterrumpido de la consciencia. Estas *imágenes* son creadas a partir del procesamiento de información sobre objetos y eventos que acontecen en el entorno interior y exterior al organismo humano; una información a la que podemos acceder gracias a nuestro complejo sistema nervioso (*hardware*).

---

[153] Dehaene, *Reading in the Brain*, 134–142.

Estas *imágenes* –unidades mínimas– 2) establecen relaciones multidimensionales, se encadenan con complejidad y simultaneidad y se interrelacionan entre sí en un complicado proceso de montaje que se articula de forma narrativa. Se generan una serie de secuencias de *imágenes* de todo tipo –auditivas, olfativas, emocionales– que muchas veces son creadas a partir de estímulos presentes y que otras veces parten de estímulos pasados. 3) Incluso podemos establecer modificaciones en esas *imágenes* para crear otras nuevas. Esta flexibilidad para manipular las *imágenes* nos permite integrar *imágenes* presentes y almacenadas –modificadas o no– en el montaje de nuevas narrativas. Las *imágenes* –sueltas o encadenadas en narrativas– se evocan mentalmente de forma breve y temporal y luego se desvanecen para dar paso a otras *imágenes* o narrativas de *imágenes* que continúan con el flujo.

Por tanto, nuestro sistema nervioso nos permite 4) recuperar *imágenes* o narrativas de *imágenes* –consciente o inconscientemente– de forma más o menos fiel a como fueron experimentadas por primera vez, cuando fueron creadas gracias a los patrones neurales que quedan fijados en nuestra arquitectura cerebral. Esto es lo que entendemos como memoria y es 5) la base del aprendizaje humano: ser capaces de recordar *imágenes* o narrativas de *imágene*s nos permite condicionar nuestras decisiones y acciones para evitar situaciones desfavorables para nuestro bienestar personal y contribuye a nuestra homeostasis individual.

El desarrollo evolutivo de nuestra corteza prefrontal y la consecuente mejora que supone en la conectividad de nuestra arquitectura cerebral favorece la llegada de una profunda capacidad memorística y de la habilidad de evocar y manipular recuerdos voluntariamente. 6) Este cóctel es el que nos permite la construcción de *imágenes* y narrativas de *imágenes* mentales sobre hechos y eventos que no han sido registrados directamente a partir de la percepción de nuestro entorno externo o interno. Nos permite hablar sobre lo que no existe, una habilidad muy beneficiosa para nuestro bienestar personal porque, a grandes rasgos, nos posibilita sobrevivir considerando, no sólo lo que nos ha ocurrido y lo que nos está ocurriendo, sino también lo que nos podría ocurrir en un futuro a corto o a largo plazo.

Considerando estos seis puntos que sintetizan el funcionamiento básico de nuestras operaciones cognitivas, es posible decir que nuestra capacidad para hablar acerca de lo que no tiene una materialidad en nuestro entorno es una mejora evolutiva que supone un gran beneficio homeostático para nuestra especie y que determina, por completo, el funcionamiento de nuestras operaciones mentales y, por tanto, nuestra forma de relacionarnos con los entornos internos y externos a nuestro organismo. Esta habilidad es la piedra angular de lo que hemos llamado tradicionalmente creatividad y tiene diversos usos y aplicaciones más allá de ser capaces de conjeturar qué ocurrirá después. Esta capacidad es la que nos ha permitido simbolizar y, a partir de la simbolización, hemos construido artefactos culturales, como el arte y la literatura, que nos han posibilitado comunicarnos, ordenar el conjunto social y seguir desarrollando tareas que benefician nuestro imperativo homeostático.

CAPÍTULO CUATRO

La realidad cultural como consciencia colectiva

Conectar nuestra vida mental

A lo largo de los tres capítulos anteriores hemos explicado cómo se da en nuestro organismo la vida mental de la consciencia. Para ello, hemos pormenorizado en las operaciones que llevan a cabo determinados componentes biológicos de nuestro cuerpo (*software*) para que tengan lugar el conjunto de experiencias al que denominamos mente y hemos ahondado en la gestión de estas experiencias mentales. Todo este recorrido nos ha llevado a concluir que el desarrollo de la corteza prefrontal y la enorme capacidad conectiva que trae consigo han favorecido el surgimiento de un tipo de consciencia –la consciencia extendida– que nos hace capaces de ser conscientes de que somos conscientes y que se basa en una gran capacidad memorística y en la habilidad de manipular y gestionar voluntariamente esos recuerdos. Esta habilidad manipulativa es la que nos permite pensar en objetos o eventos sin materialidad en nuestro entorno –objetos o eventos que, comúnmente, diríamos que no existen– y resulta una capacidad muy útil, en términos de homeostasis, porque nos permite relacionarnos con nuestros entornos con mucha eficiencia. Gracias a ella, no sólo sabemos qué nos ha ocurrido y qué nos está ocurriendo, sino que también somos capaces de elaborar una previsión sobre lo que podría ocurrirnos.

Por consiguiente, sabemos ya qué operaciones cognitivas nos permiten crear entidades que no tienen una existencia material en nuestros entornos a la hora de escribir una novela y entendemos que estos mecanismos tienen muchas más aplicaciones que las que observamos en el arte. No sólo utilizamos procesos para pensar en lo que no existe cuando imaginamos a Gandalf el Gris. Lo hacemos constantemente: cuando asignamos un valor a una propiedad, cuando redactamos las normas de nuestra comunidad de vecinos y cuando nos preocupamos porque nuestro hermano aún no ha llegado a casa. No obstante, para entender la verdadera naturaleza de la ficción artística no es suficiente con saber que podemos producirla gracias a nuestra habilidad para gestionar voluntariamente los recuerdos y a nuestra amplia capacidad memorística. Es también necesario entender cómo y por qué se comparte y es recibida por otros individuos. Para ello, hemos de tener en cuenta la intrincada dimensión comunicativa que habilita nuestra rica vida mental, la cual trae consigo la posibilidad de compartir de una forma sofisticada nuestras experiencias mentales con otros seres humanos con capacidades cognitivas semejantes.

Cuando comúnmente hablamos sobre comunicación, rápidamente introducimos en la ecuación nuestra capacidad lingüística. La construcción y difusión de lenguas nos ha permitido compartir con otros humanos nuestras experiencias y nuestros pensamientos con un nivel de detalle inaccesible para otros seres vivos. Afirma Dennett que los seres humanos no experimentan su entorno social como un lugar repleto de otros cuerpos humanos, sino como un mundo poblado por agentes movidos, como ellos, por recuerdos, pensamientos o esperanzas que determinan la relación que el ser humano en cuestión va a tener con otros estos cuerpos. Las experiencias internas que se esperan de estos otros agentes son las que los convierten, a nuestros ojos, en amigos o enemigos; héroes o villanos; beneficios o amenazas... De hecho, dice el autor que aquellos individuos que encuentran dificultades en percibir su entorno social de esta manera –por ejemplo, las personas que padecen autismo– pueden encontrar más comprometida su relación con el entorno que aquellos que nacen con otras discapacidades sensoriales como la ceguera[154]. No obstante, esta capacidad comunicativa no reside sólo en las complejísimas realizaciones que son las herramientas lingüísticas que hemos desarrollado desde la mencionada Revolución Cognitiva. Nuestra capacidad comunicativa no es sólo consecuencia del paquete de operaciones de nuestra consciencia extendida. Conectar con otros es producto de una necesidad que es rastreable incluso a nivel celular[155] y que se observa en el comportamiento de las neuronas espejo.

---

154 Denett, *Breaking the Spell*, 111.

155 Véase Vittorio Gallese, 'Embodied simulation: From neurons to phenomenal experience', *Phenomenology and the Cognitive Sciences* 4/1 (2005), 23–48. doi: http://dx.doi.org/10.1007/s11097-005-4737-z.

Según Marco Iacoboni, las neuronas espejo[156] son un tipo de células ubicadas en el lóbulo frontal y en el parietal y reflejan en nosotros las experiencias y las sensaciones que otros organismos demuestran experimentar. Ellas son la base de nuestra capacidad para reconocer las acciones de otros individuos y las motivaciones que les conducen a ejecutarlas y, por tanto, gracias a ellas podemos reconocer en las acciones de otros las acciones que nosotros mismos somos capaces de llevar a cabo. Esta función las convierte en una de las piedras angulares de la comunicación. Vamos a explicar su funcionamiento.

Sabemos que cuando percibimos un estímulo, un conjunto de patrones o mapas neurales se activan y como resultado obtenemos una serie de *imágenes* mentales. Iacoboni explica que los mapas neurales que se activan con la percepción de un evento no son independientes de aquellos que se activan cuando llevamos a cabo una acción[157]. Esto implica que la percepción y la ejecución de un mismo tipo de acción activa mapas neurales en un mismo espacio cortical. Por ejemplo, cuando ejecutamos la acción de coger un lápiz, se activan una serie de conjuntos de neuronas que forman un patrón neural en el área cortical F5, que es en la que procesa órdenes motoras. Cuando percibimos a alguien cogiendo un lápiz, los mapas neurales vuelven a activarse en este mismo espacio cortical, lo cual significa que ejecutamos órdenes parecidas en nuestro cerebro cuando vemos a alguien llevar a cabo una acción y cuando nosotros mismos llevamos a cabo esa acción[158]. No obstante, las células que se activan en cada una de las operaciones son distintas[159]: las llamadas neuronas canónicas son las que se activan cuando llevamos a cabo la acción de coger el lápiz, mientras que son las neuronas espejo las que establecen mapas neurales en esa misma zona cortical cuando percibimos a otra persona cogiendo un lápiz.

---

[156] Marco Iacoboni, *Mirroring People. The Science of Empathy and How We Connect with Others* (New York: Picador, 2009), 3–7; 62.

[157] Iacoboni, *Mirroring People*, 14–16.

[158] La representación de *imágenes* mentales motoras a propósito de la ejecución de determinados movimientos también activa las áreas corticales relacionadas con dichas actividades motoras. Véase Martin Lotze y Ulrike Halsband, 'Motor Imagery', *Journal of Physiology Paris* 99/4–6 (2006), 386–395. doi: https://doi.org/10.1016/j.jphysparis.2006.03.012.

[159] Iacoboni, *Mirroring People*, 24–26.

Las neuronas canónicas se activan ante los objetos y sus particularidades, mientras que las neuronas espejo se activan a través de la percepción de las acciones. Esto provoca que, por ejemplo, en el área F5 las neuronas canónicas sean susceptibles al tamaño o a la forma del objeto que el individuo se dispone a coger. Dependiendo de las particularidades del objeto, se activarán unas neuronas u otras que nos conducirán a llevar a cabo la acción de un modo en concreto: si el objeto es pequeño, lo cogeremos con dos dedos, si es grande, utilizaremos la mano entera, o quizás dos manos… Las particularidades del objeto determinan las neuronas que formarán parte del patrón que se va a crear en el área F5.

Sin embargo, no es el objeto que otro sujeto agarra lo que determina la activación de unas u otras neuronas espejo, sino la acción del propio sujeto. Eso provoca que algunas neuronas espejo se activen tanto cuando alguien coge un objeto con los dedos como cuando ejecuta la misma acción de coger, pero con la boca; o cuando se observa una acción preparatoria o lógicamente relacionada con la ejecución de la acción en la que hay implícita una intención. Por ejemplo, existen un tipo de neuronas espejo –las llamadas lógicamente relacionadas– que se activan cuando observamos a alguien beber de una copa y también cuando observamos a una persona acercarse la copa, aunque no lleve a cabo todavía la acción de beber de ella.

Por tanto, estas neuronas, excitables sólo a partir de la percepción de las acciones e intenciones de otros, nos permiten entender las motivaciones, sensaciones y, en general, experiencias internas de otras personas simulando o imitando sus comportamientos neuralmente, como si fuéramos a ejecutarlos nosotros[160]. Aunque no vamos a detallar el conjunto de procesos biológicos que conducen a este resultado, sí conviene destacar que llegamos a comprender las intenciones que conducen a que otros ejecuten determinadas acciones porque, cuando vemos a otra persona realizar estas acciones, se activan en nosotros los mapas mentales que nos permiten llevarlas a cabo. Es este ejercicio el que nos posibilita simular también, a través de otros mapas neurales, las intenciones previas que han conducido a la otra persona a ejecutar estas acciones. Esto explica que las neuronas espejo respondan ante diferentes intenciones a la hora de coger un objeto y no ante objetos con diferentes formas.

---

[160] Iacoboni, *Mirroring People,* 57–58.

Los mecanismos imitativos o simulativos que estructuran el funcionamiento de las neuronas espejo nos permiten conectar con profundidad con las experiencias internas de otras personas y nos hacen capaces de interpretar en el comportamiento de otros matices muy sutiles que brindan información sobre complejos pensamientos, creencias o deseos del sujeto. Esta simulación, por tanto, es el puente que conecta nuestros organismos[161] con el de nuestros semejantes y favorece el desarrollo de una intimidad entre organismos que es crucial para el desarrollo de habilidades sociales. Esta conexión, que está más allá de lo verbal y de los mecanismos conscientes[162], ya es en sí una forma de intersubjetividad[163] entre seres humanos.

Todo esto implica que nuestros sistemas nerviosos están dotados con mecanismos que nos permiten la transferencia de información con otros semejantes sin necesidad de que nuestros procesos cognitivos deliberativos formen parte de esta operación. Esto tiene sentido si pensamos, como afirman Susan Choi et al., que la evidencia antropológica sugiere que nuestros ancestros, durante el proceso de evolución, necesitaron un mecanismo para comunicar las emociones que experimentaban de forma fácil y rápida; un tipo de comunicación que favoreció enormemente su supervivencia[164]. Los mecanismos de las neuronas espejo son, por tanto, un fenómeno comunicativo al margen de la verbalidad y de los resultados de nuestros intrincados sistemas comunicativos actuales, los cuales no podrían existir sin el conjunto de habilidades cognitivas de la consciencia extendida. Nuestros organismos están diseñados para expresar información sobre las experiencias internas e intransferibles que sienten y, también, para recoger información sobre las experiencias internas de otros organismos. Esta idea, que de entrada puede resultar sorprendente,

---

161 Iacoboni, *Mirroring People*, 59–77.

162 Las neuronas espejo están situadas en áreas del cerebro dedicadas al procesamiento de habilidades motoras y no tienen participación activa en el desarrollo de procesos cognitivos conscientes. Esto significa que cuando interpretamos las intenciones de otras personas y sus experiencias internas, no lo estamos haciendo de una forma deliberada, sino que llevamos a cabo unos mecanismos simulativos que nos permiten experimentar unas sensaciones aproximadas a las que puede estar sintiendo la otra persona, según lo que expresan sus acciones.

163 Desarrollaremos este concepto más adelante, en este mismo capítulo.

164 Susan Choi et al., 'The Glimpsed World: Unintended Communication and Unintended Perception', en Ran R. Hassin, James S. Uleman y John A. Bargh, eds, *The New Unconscious* (New York: Oxford University Press, 2005), 314.

es coherente si pensamos que entender las intenciones de otros individuos es la matriz interpretativa para determinar qué es lo que está haciendo la otra persona[165] y poder, así, actuar en respuesta a estas conclusiones.

Por tanto, la comunicación entre humanos no es una consecuencia de la construcción de complejos artefactos lingüísticos. Nuestros sistemas nerviosos integran componentes biológicos, incluso a nivel celular, que empujan a nuestros organismos a las dinámicas de la expresión, recepción e interpretación de información. Según estos hallazgos, tendría sentido pensar, tal y como dice Iacoboni, que las teorías del siglo XVIII en las que se defendía que el origen del lenguaje es gestual podrían estar bien encaminadas[166]. Comenta Iacoboni que los movimientos motores de las manos y la boca se encuentran en seres humanos muy relacionados a nivel cerebral y esto es algo que es observable en la conducta general de los individuos. Por ejemplo, cuenta que los recién nacidos suelen tener el reflejo de abrir la boca cuando se les aplica presión en las palmas de las manos. También es ampliamente observable la tendencia natural de los bebés de llevarse constantemente la mano a la boca y de señalizar los objetos que desean alcanzar y no saben todavía nombrar. Esto ocurre porque el movimiento de estas dos partes del cuerpo se procesa en las mismas superficies cerebrales en las que, por cierto, abundan las neuronas espejo y que se encuentran muy próximas a centros importantes para el procesamiento lingüístico, como es el área de Broca.

Teniendo en cuenta esto, no es de extrañar que la boca y las manos establezcan conexiones explícitas en lo que se refiere a la comunicación, incluso cuando ya entra en juego la utilización de herramientas comunicativas complejas, como los lenguajes verbales. La gestualidad en el proceso comunicativo no se pierde durante la infancia, sino que se refina y se sofistica con el tiempo y nos acompaña diariamente, aunque muchas veces no tengamos plena consciencia de ella. Cuando hablamos, normalmente no sólo proyectamos nuestra voz para que otra persona nos escuche, sino que también acompañamos esa proyección vocal con todo un abanico de gestos corporales, la mayoría de ellos ejecutados por las manos. De acuerdo con Iacoboni, existen dos tipos de gestos, los icónicos y los rítmicos[167]. Los gestos icónicos parecen estar dirigidos al oyente,

---

165 Michael Tomasello et al., 'Understanding and sharing intentions: The origin of cultural cognition', *Behavioral and Brain Sciences* 28/5 (2005), 675.

166 Iacoboni, *Mirroring People*, 84–85.

167 Iacoboni, *Mirroring People*, 79–83.

porque apoyan y clarifican el contenido del discurso verbal. Un gesto icónico, por ejemplo, podría ser el acercarnos el dedo pulgar y el meñique de una mano a la boca y a la oreja respectivamente para indicarle a nuestro amigo –que no puede escucharnos bien porque le hemos saludado a lo lejos, en la calle– que le vamos a llamar más tarde. No obstante, los gestos rítmicos son diferentes, porque su función parece estar dirigida a facilitar al hablante la tarea expresiva que está llevando a cabo con su discurso. En este caso, se trata de golpes y aspavientos con las manos que suelen preceder al contenido verbal. Todos estos gestos, junto con las expresiones faciales y otros tipos de movimientos corporales, tienen una función expresiva, enriquecen el proceso comunicativo y permiten al oyente interpretar los discursos verbales en una dimensión mucho más profunda y apreciar en ellos detalles y matices que le conectan, no sólo con lo que el hablante dice, sino también con lo que experimenta mientras se expresa.

Conocer el funcionamiento de las neuronas espejo nos lleva a concluir que aquello que entendemos como comunicación no aparece junto con nuestra consciencia extendida y con las complejas herramientas lingüísticas que nos ha permitido crear. La necesidad de expresar y de conectar con el otro viene introducida por el diseño biológico de nuestro organismo y se constituye sobre procesos miméticos o simulatorios que nos habilitan para comprender al otro a partir de nuestras propias experiencias[168]. Se trata de un mecanismo que nos permite conectar y experimentar una recreación de aquellas sensaciones e impulsos intransferibles que constituyen la vida interior y mental de otras personas y que, asimismo, nos permite expresar la nuestra. Las neuronas espejo son, por tanto, una ventana a compartir con otros las narrativas de *imágenes* que experimentamos, recordamos y modificamos internamente. Nuestra

168 Existen también otras teorías que explican de otras formas distintas la conexión que se establece entre individuos humanos. Una de las más conocidas es la teoría de la mente (*theory of mind*), que explica como la capacidad humana de asignar pensamientos e intenciones a otras personas o entidades, lo cual implica la habilidad para reflexionar, no sólo sobre lo que uno mismo reflexiona, sino también sobre lo que reflexionan otros sujetos. Uno de sus defensores es Michael Tomasello, quien ha concedido explicaciones para la creación y la expansión de la cultura a través de ella. Véase Michael Tomasello, *The cultural origins of human cognition* (Cambridge, MA: Harvard University Press, 2000) y Michael Tomasello et al., 'Understanding and sharing intentions: The origin of cultural cognition', *Behavioral and Brain Sciences* 28/5 (2005), 675–735.

capacidad cognitiva agranda enormemente esa ventana y ha ampliado y sofisticado las posibilidades de expresión e interpretación de esas narrativas de *imágenes* mentales. El arte, la literatura y entidades como Gandalf el Gris son unos de los tantos resultados de esa sofisticación.

La cultura: herramienta para organizar a los individuos

La necesidad de conectar con otros a través de la expresión de nuestras experiencias internas y de la interpretación de las experiencias de otros es el cimiento de la comunicación y conlleva importantes beneficios homeostáticos para los organismos. Esta conexión entre organismos es fundamental en términos de supervivencia, pues de ella depende directamente el aprendizaje, una actividad esencial que nos permite reconfigurar nuestras conexiones neurales para asimilar y hacer frente a los problemas de un entorno externo cambiante, para el que nuestro cerebro no viene completamente pre-configurado. En tanto en cuanto enfrentarse a los cambios del entorno es esencial para vivir y atendiendo al imperativo homeostático que rige la vida, no es de extrañar que nuestros sistemas nerviosos estén dotados de mecanismos –como las neuronas espejo– que nos permiten entender la diferencia entre yo/otro, que nos habilitan para simular las acciones de nuestros semejantes y que nos posibilitan conectar con las experiencias mentales que sienten. De este modo, las acciones y vivencias de otros sirven para adoptar conductas exitosas a la hora de superar nuevas circunstancias desconocidas que acontecen en el entorno en el que se encuentra el sujeto.

Hay que remarcar que estas habilidades no son exclusivas de los seres humanos. Muchos animales establecen diferentes tipos de lazos comunicativos con sus semejantes que les resultan indispensables para aprender a relacionarse con el mundo y desarrollar la capacidad de sobrevivir en él. Sabemos, incluso, que algunos animales como los simios, los perros o los delfines –considerados muy sociales– poseen también neuronas espejo. No obstante, en el caso de los seres humanos esta capacidad comunicativa adquiere un desarrollo sin parangón en el reino animal. Como consecuencia de la increíble conectividad neural que demuestran nuestros cerebros y de la evolución de nuestra corteza prefrontal, el *Homo sapiens* ha desarrollado herramientas muy complejas como los distintos lenguajes o la escritura, las cuales amplían las posibilidades comunicativas entre organismos y permiten una mayor expresión y recepción de información. Gracias a estas herramientas, la transferencia comunicativa se redimensiona y alcanza tal grado de funcionalidad que los individuos *sapiens* no necesitan ni siquiera –gracias a la escritura– tener contacto directo con otros individuos para poder nutrirse de sus experiencias mentales.

Ahora bien, ¿qué supone esta capacidad comunicativa tan sofisticada en términos de cognición? Pues que además de generar, encadenar, recuperar y modificar *imágenes* mentales, podemos también traducirlas para compartirlas con otros individuos, lo cual permite a estos otros organismos acceder de una forma indirecta a nuestras narrativas de *imágenes* mentales. Este proceso comienza por asignar a una experiencia mental símbolos en forma de signos, objetos... que condensen –o representen– su significado. Cualquier individuo con unas capacidades cognitivas homólogas que haya aprendido esta asignación simbólica puede decodificar esta representación y acceder a las narrativas de *imágenes* creadas, experimentadas y almacenadas previamente por otro individuo. No obstante, no debemos entender este acceso de una forma literal. El receptor de un discurso no accede directamente a las experiencias mentales del productor y las experimenta de una forma idéntica, sino que crea nuevas narrativas de *imágenes* personales. Las narrativas de *imágenes* que un receptor crea como resultado de la interpretación de un mensaje se construyen en torno a las experiencias –narrativas de *imágenes*– vividas y recordadas por el individuo, aunque, precisamente por estar construidas sobre el mensaje del productor, guardan una proximidad –en diversos grados– con las narrativas de *imágenes* que el productor buscó codificar a través de un mecanismo de simbolización.

Este mecanismo de codificación y decodificación simbólica de experiencias mentales es la base de la comunicación humana y resulta tremendamente ventajoso para los individuos de esta especie, puesto que les permite poseer *imágenes* mentales sobre objetos y eventos del entorno externo sin necesidad de haber interaccionado previamente con estos objetos y eventos. Esto, en definitiva, nos habilita para aprender a través de los recuerdos y de las experiencias de otros seres humanos, lo cual supone una ventaja significativa. Por tanto, el *Homo sapiens* no es sólo capaz de reaccionar ante el recuerdo de *imágenes* experimentadas o de prever posibles situaciones futuras a través de la creación de nuevas *imágenes* mentales que parten de las ya recordadas. El *Homo sapiens* es también capaz de codificar simbólicamente –a través de los lenguajes– esas experiencias mentales y de compartirlas con otros seres humanos.

No obstante, hay que considerar también el detalle de que los seres humanos no somos sólo capaces de comunicar experiencias mentales que se conforman de narrativas de *imágenes* que han sido inicialmente creadas a partir de una interacción previa con el entorno externo o interno al organismo, sino que también podemos comunicar narrativas de *imágenes* mentales que son el resultado de la modificación de otras narrativas de *imágenes* recordadas y que contienen información sobre objetos y eventos que no tienen materialidad en el entorno. Esto tiene sentido si consideramos, como hemos dicho anteriormente, que nuestra percepción de lo que comúnmente entendemos como realidad está intervenida por nuestras habilidades creativas. Es decir, el *Homo sapiens* no es sólo capaz de pensar en lo que no existe, sino que, además, puede hablar sobre lo que no existe o, dicho de otro modo: el *Homo sapiens* no sólo puede inventar, sino que, además, es capaz de compartir sus invenciones con otros semejantes con unas capacidades cognitivas homólogas.

Todo esto es posible gracias a los procesadores biológicos centrales ya mencionados que controlan el aprendizaje en tanto en cuanto gestionan la fijación de señales de muchos tipos y su integración en la ejecución de complejas respuestas internas a los estímulos que el organismo recibe. Estos procesadores biológicos, entre los que se encuentran la médula espinal, el tronco encefálico, el hipotálamo, el cerebelo, la corteza cerebral y núcleos como los ganglios basales y el prosencéfalo basal, permiten la asociación de símbolos a las narrativas de *imágenes* mentales. Estas asociaciones, ordenadas y sistematizadas, dan lugar a las lenguas, las cuales están compuestas por sonidos, signos y gestos codificados por reglas que identificamos como gramaticales. Los sistemas lingüísticos tienen el potencial de codificar las narrativas de *imágenes* mentales de los individuos, lo cual implica llevar a cabo continuamente conversiones[169] de experiencias mentales no verbales –las narrativas de *imágenes*– a la verbalidad.

Como decimos, el alto rendimiento de nuestra capacidad comunicativa tiene un gran impacto en el aprendizaje humano y no sólo condiciona el comportamiento de un individuo frente al entorno, sino que determina la actuación de grandes conjuntos de individuos que se organizan y colaboran para superar con increíble funcionalidad las circunstancias adversas que puedan perjudicar su bienestar individual o colectivo.

---

169 Damasio, *The Strange Order of Things*, 63.

Todas estas conductas organizadas y compartidas que posibilitan nuestra amplia capacidad comunicativa es lo que llamamos 'cultura'. Tradicionalmente, hemos definido la cultura como el comportamiento variable entre grupos de animales de una especie, transmitido a través de las generaciones. Muchos animales aprenden conductas básicas que facilitan su supervivencia gracias a la imitación y ciertos experimentos han demostrado que algunos, como los grandes simios, pueden llegar a aprender a manipular herramientas e incluso pueden llevar a cabo ciertos procesos cognitivos que implican pensamientos abstractos gracias a la plasticidad neuronal[170]. No obstante, ninguno de estos animales es capaz de crear y transmitir artefactos culturales como el *sapiens*, precisamente porque no disponen de la ya mencionada conectividad neuronal y expansión de la corteza prefrontal que nos habilita para modificar nuestras *imágenes* mentales[171]; una operación que se corresponde con lo que entendemos como invención y que es la que nos ha permitido desarrollar, por ejemplo, el pensamiento simbólico, sin el que ni el lenguaje ni ningún otro objeto cultural hubiera podido existir.

La existencia de este centro deliberativo cortical y la posibilidad de inventar a través de la modificación de nuestras *imágenes* mentales ha llevado al ser humano a crear y compartir múltiples objetos o herramientas externas a su organismo, de origen mental –a las que luego, muchas veces, se ha otorgado una existencia material– que facilitan la vida individual y colectiva de la especie. Estas herramientas no se transmiten entre organismos sólo a través de la imitación, sino que, según Dehaene[172] –y de acuerdo con Dan Sperber[173] y Michael Tomasello[174]– su expansión se parece a la de una epidemia. La proliferación de objetos culturales de todo tipo ha llevado al ser humano a vivir rodeado de representaciones

---

170 Dehaene, *Reading in the Brain*, 315.

171 Scott Atran defiende la importancia de estudiar la cultura, no sólo como un conocimiento compartido, sino considerando las capacidades cognitivas de los seres humanos junto las prácticas que llevan a cabo colectivamente. Véase Scott Atran et al., 'The Cultural Mind: Environment, Decision Making and Cultural Modeling Within and Across Populations', *Psychological Review* 112/4 (2005), 744–776. doi: 10.1037/0033-295X.112.4.744.

172 Dehane, *Reading in the Brain*, 149.

173 Véase Dan Sperber, *Explaining Culture: A naturalistic approach* (London: Blackwell, 1996).

174 Véase Michael Tomasello, *The cultural origins of human cognition* (Cambridge, MA: Harvard University Press, 2000).

culturales que constantemente requieren su atención consciente y que tratan de prevalecer sobre otras representaciones culturales creadas. Como los virus que retan nuestro sistema inmune, sólo pocas de todas estas representaciones consiguen asentarse en el cerebro de gran parte de los individuos de los conjuntos sociales y adquirir una repercusión colectiva. Cuando eso ocurre, intencionadamente o no, transmitimos esa creación cultural a otros individuos de nuestro entorno, quienes, gracias a la plasticidad cerebral y al reciclaje neuronal, reconfiguran sus redes neuronales para aprender e integrar ese nuevo objeto cultural.

Los artefactos culturales que hemos creado son muy diversos y determinan de muchas maneras diferentes nuestros comportamientos en favor de una organización entre los individuos que contribuya a mejorar su bienestar. Así, surgen y se comparten con diversos propósitos las lenguas, la escritura, la economía, la religión, la política, los derechos humanos e innumerables creaciones más entre las que se encuentran también el arte y la literatura. Ninguna de estas realidades hubiera sido posible sin la capacidad de simbolizar que deviene de nuestra habilidad para modificar recuerdos y todas ellas impactan –de diversas formas y en niveles distintos– en los individuos humanos y los entornos que les rodean. Reparemos, por ejemplo, en cómo ha determinado el desarrollo de la economía la realidad ecológica del planeta en términos de deforestación y extinción de especies o en las guerras y conquistas que, en nombre de dioses o de un poder jerárquico o monetario, han acabado con miles de vidas o han supuesto la supremacía y el bienestar de otros colectivos, según la posición de los individuos ante el conflicto. No obstante, no hay que olvidar que por mucho que estas invenciones culturales supongan la creación de artefactos o realidades no existentes en nuestro entorno natural que pueden, incluso, adoptar materialidad en ellos –libros, cuadros, monedas, catedrales, armas, vacunas–, lo cierto es que están sujetas a las constricciones básicas de nuestra arquitectura cerebral y tienen una resonancia en la configuración natural de nuestros circuitos neurales preexistentes. Nuestra capacidad de inventar, según Dehaene, tiene límites.

Insistimos en que la existencia de estos objetos culturales depende única y exclusivamente de nuestra capacidad comunicativa que, si bien se ha incrementado gracias a las eficientes habilidades cognitivas que nos permiten representar simbólicamente nuestras *imágenes* mentales, tienen su base en la necesidad –no exclusivamente humana y no necesariamente consciente– de conectar con otros y compartir nuestra experiencia vital. Una necesidad que, recordamos, es entendible a través de la observación del funcionamiento de células como las neuronas espejo. La inventiva humana que determina nuestra forma de cognición nos permite, por tanto, producir, transmitir y aprender a utilizar objetos culturales que funcionan como herramientas a través de las que los diferentes organismos humanos establecen acuerdos y se organizan cooperativamente en sociedad para favorecer el imperativo homeostático que rige a la especie.

Cooperación, homeostasis e intersubjetividad

Decíamos que la capacidad de traducir a la verbalidad nuestras experiencias mentales ha sido clave en el desarrollo de nuestra variante evolutiva porque habilita una vía para que los diferentes individuos de la especie cooperen entre sí en favor de su propio bienestar y del bien comunitario de la especie. No obstante, la cooperación entre individuos ha sido un asunto muy debatido en el ámbito de la sociobiología y, en concreto, de la psicología evolucionista. En general, ha existido en la biología una tendencia a observar la supervivencia siempre en términos de competición. La genética nos ha conducido a observar que favorecer el imperativo homeostático para que un organismo singular sobreviva depende directamente de posicionar las necesidades vitales del organismo en cuestión por delante de las de otros congéneres de la misma especie. Por ejemplo, sabemos que el imperativo homeostático de cualquier organismo individual es perdurar y prevalecer: un animal que renuncie al alimento, de forma altruista, para facilitárselo a otro estaría faltando a su imperativo homeostático individual de mantenerse con vida el mayor tiempo posible.

Sin embargo, la forma en la que hemos construido nuestras sociedades culturales es un hecho que reta explícitamente estas asunciones. Por eso, múltiples voces han tratado de explicar el fenómeno de la cooperación social desde un enfoque científico y propusieron considerar que los animales pudieran evolucionar para desarrollar comportamientos que favorecieran de forma grupal a su especie. No obstante, en 1960, William Hamilton y George Williams ya explicaron lo complejo y problemático de considerar la cooperación social desde la evolución genética[175] y Hamilton[176], en concreto, propuso abordar esta cuestión a través

[175] Boyd, *On the Origin of Stories*, 51.

[176] Véase William D. Hamilton, 'The Evolution of Altruistic Behavior', *The American Naturalist* 97/896 (1963), 355. doi: http://www.jstor.org/stable/2458473?origin=JSTOR-pdf.

de un modelo de herencia genética multifactorial. De acuerdo con Boyd, la pretensión de explicar la cooperación social desde un punto de vista genético llevó a la sociobiología de los años 70 y a la psicología evolucionista de los 80 a ahondar en esta cuestión[177]. Estas corrientes de investigación han convenido en la necesidad de proponer una teoría de la selección multinivel, cuya máxima es que las actitudes egoístas vencen a las altruistas dentro de un grupo singular de individuos, mientras que los grupos de individuos con actitudes altruistas superan a los grupos de individuos donde proliferan las actitudes egoístas. Si bien las actitudes egoístas pueden llevar a los organismos a conseguir metas individuales modestas en poco tiempo, las actitudes altruistas grupales pueden conducir a un gran número de organismos a alcanzar objetivos imposibles para un solo organismo individual. Según Boyd, muchos investigadores piensan que las actitudes cooperativas adquieren un grado de desarrollo y de complejidad mayor en las sociedades humanas gracias a su tipo de inteligencia[178]. Estas suposiciones encajan si tenemos en cuenta la increíble mejora comunicativa que suponen nuestras habilidades cognitivas, la cual permite una explosiva creación y difusión de herramientas culturales que contribuyen a los mencionados comportamientos cooperativos.

De acuerdo con Boyd, en las últimas décadas, la investigación y experimentación en biología, las teorías evolucionistas y teorías del juego, la psicología evolucionista y la economía coinciden en que la cooperación emerge en criaturas que pueden tener necesidades compartidas, genes compartidos, impulsos compartidos, intereses comunes en el tiempo o un reconocimiento común de los beneficios de la cooperación[179]. Así, las emociones naturales compartidas en seres con consciencia deliberativa serían, por ejemplo, uno de los motores cooperativos que nos hacen luchar conjuntamente contra sensaciones que comprometen nuestro bienestar individual y colectivo y que buscamos corregir. De esta forma, se buscan soluciones conjuntas –a través del castigo, por ejemplo– para evitar lo que consideramos injusto o indignante y, para ello, se crean y se comparten realidades culturales como normas, leyes o instituciones.

Todo este desarrollo nos lleva a concluir que el diseño neural que favorece la conexión entre organismos es lo que permite establecer acciones

---

177 Boyd, *On the Origin of Stories,* 52.
178 Boyd, *On the Origin of Stories,* 53.
179 Boyd, *On the Origin of Species,* 65.

conjuntas y coordinadas que favorecen homeostáticamente a la especie. El funcionamiento de las neuronas espejo ya evidencia neuralmente este diseño y en las sofisticadas capacidades comunicativas que habilita nuestro tipo de cognición y su concreción en distintas realizaciones culturales es perfectamente visible el papel indispensable que juega la conectividad entre los individuos para que se dé la cooperación y organización entre los mismos. Nuestras habilidades comunicativas y cooperativas nos han llevado a intentar establecer comunes acuerdos sobre todo tipo de asuntos y uno de los más importantes es definir qué es el mundo y cuál es nuestro papel en él. En esta tarea, el hecho de ser conscientes de nuestra propia consciencia ha jugado un papel problemático.

El pensamiento occidental ha tratado, durante toda la tradición, de comprender los entornos que le rodean y de entender cómo afecta su experiencia sensible de los mismos a esa comprensión: ¿qué es realidad natural y qué no? ¿Condicionan nuestras experiencias internas nuestra visión del mundo? Desde la Revolución Científica hasta nuestros días, hemos intentado explicarnos a nosotros mismos y a los que nos rodea desde un punto de vista que hemos denominado objetivo, lo cual implica la intención de observar el entorno a través de métodos externos a nuestras experiencias internas o subjetivas. Este interés crece a partir de las constataciones copernicanas del siglo XV y se extiende a todos los ámbitos del saber: desde las ciencias naturales hasta las Humanidades y, dentro de ellas, los estudios sobre arte. Por eso es habitual encontrar en las teorías artísticas neoclásicas que trataban de explicar cualquier producción humana desde fundamentos absolutos y determinantes que condujeran al ser humano a una Verdad fundada en mediciones y alejada de criterios e impresiones internas (o subjetivas). No obstante, a finales del siglo XVIII y durante todo el siglo XIX los filósofos y científicos empiezan a ser cada vez más conscientes de que no podemos prescindir de nuestras experiencias internas para observar el mundo. Previamente al romanticismo, la filosofía kantiana ya marca la importancia de considerar las limitaciones experienciales del sujeto para acceder al conocimiento[180] y, más tarde, filósofos idealistas del siglo XIX como Hegel[181] promueven la defensa extrema de la experiencia subjetiva como el único conocimiento

---

[180] Gilbert Hottois, *Historia de la filosofía del Renacimiento a la Posmodernidad*, trad. Marco Aurelio Galmarini (Madrid: Cátedra, 1999), 144.

[181] Georg Wilhem Friedrich Hegel, *Lecciones de estética I*, 26.

posible[182]. Heredero de estas posiciones, aparece en el siglo XX el enfoque fenomenológico de Husserl, quien considera que el *fenómeno objetivo* –que existe independientemente de la consciencia humana– siempre tiene que estudiarse desde la *vivencia consciente o subjetiva* del mismo del mismo[183] –aquello cuya existencia depende sólo de la consciencia y de la creencia de un sólo individuo y que desaparece si el individuo cambia o cambian sus creencias– porque de lo contrario los resultados del estudio de la ciencia empírica resultan deshumanizados y empobrecedores.

Es en este punto de la historia occidental en el que la consciencia de nuestra consciencia nos lleva a plantear el término 'intersubjetividad', que aparece por primera vez en la obra de Husserl[184] y en la de Max Weber[185] y que ha sido muy utilizado y constantemente perfilado en el ámbito de la psicología y de las ciencias cognitivas. La fenomenología apunta que no podemos entender la experiencia subjetiva de un individuo como un reino interno de estados mentales privados y completamente inaccesibles, ya que el ser humano expresa e interconecta constantemente sus estados internos con otros a través de todo su comportamiento general[186]: desde las posturas y los gestos más básicos que solemos adoptar hasta las más complejas conversaciones con otros semejantes.

Este concepto de intersubjetividad, que ha tenido múltiples aplicaciones científicas, es muy conveniente para explicar el fenómeno comunicativo humano en todas sus dimensiones y nos sirve tanto para describir desde la neurociencia cómo las neuronas espejo nos facilitan información experiencial de otras personas a través de una tarea simulativa hasta para teorizar, desde la sociobiología y la psicología evolucionista sobre las estrategias cooperativas y la transmisión de elementos culturales que implican mejoras homeostáticas para la especie. Desde el punto de vista

---

182 Hottois, *Historia de la filosofía*, 164.

183 Hottois, *Historia de la filosofía*, 253–268.

184 Véase Edmund Husserl, *Las crisis de las ciencias europeas y la fenomenología trascendental*, trad. Julia V. Iribarne (Buenos Aires: Prometeo Libros, 2008).

185 Véase Max Weber, *Economía y Sociedad,* ed. Johannes Winckelmann, trad. José Medina Echevarría, Juan Roura Farella, Eugenio Ímaz, Eduardo García Máynez y José Ferrater Mora (México: Fondo de Cultura Económica, 2002).

186 Flor Emilce Cely Ávila, 'Intersubjetividad: entre explicación y comprensión', *Revista colombiana de Psiquiatría* 24/1 (2014), 53. doi: https://www.elsevier.es/es-revista-revista-colombiana-psiquiatria-379-articulo-intersubjetividad-entre-explicacion-comprension-S0034745014700435.

de este trabajo, podría definirse la intersubjetividad –a través de la definición que Harari[187] ofrece en su obra– como aquello que existe a partir de las redes de comunicación que vinculan la consciencia o conjuntos de experiencias mentales –subjetividad– de los individuos de una especie. Si uno de estos individuos cambia sus creencias o muere, esto no afecta a la pervivencia y transmisión de información intersubjetiva que el resto comparte. Ahora bien, cuando la mayoría de los individuos que forman parte de esa red comunicativa cambian o mueren, el conocimiento intersubjetivo cambia o desaparece. Es lo que ocurre, por ejemplo, con la desaparición de artefactos culturales como las lenguas o determinados sistemas de medición o en el caso de la conversión de determinadas religiones en mitologías.

Proponemos el siguiente ejemplo para ilustrar nuestra argumentación: la realidad objetiva del Sol existe de forma independiente a nuestra consciencia. Sin embargo, nuestra experiencia sobre él es completamente subjetiva. La información que compartimos en sociedad sobre el astro es intersubjetiva y determina nuestra experiencia sobre el mismo. Esta experiencia subjetiva acaba con nuestra muerte o con un cambio en la información intersubjetiva y aceptada que se comparte del Sol. Los individuos de las primeras sociedades, por ejemplo, lo observaron intersubjetivamente como una deidad de poderes sobrenaturales, pero el paso del tiempo y la emergencia de una perspectiva científica cambió esa percepción intersubjetiva y hoy lo experimentamos y describimos como un cuerpo celeste. La extinción de la humanidad significaría el fin de las experiencias subjetivas e intersubjetivas sobre el Sol, pero el astro, como realidad material y objetiva, seguiría presente en el cosmos.

Teniendo en cuenta este desarrollo argumentativo, es posible afirmar que nuestras capacidades comunicativas nos permiten compartir información útil que permite a los diferentes seres humanos llevar a cabo acciones coordinadas que tienen implicaciones homeostáticas, no sólo para los individuos, sino para la especie en conjunto. Gracias a la comunicación y a sus habilidades cognitivas, los seres humanos interconectan de un modo sin igual sus vidas mentales y comparten experiencias o consciencias colectivas e intersubjetivas que determinan, también, su cognición individual y, diríamos, subjetiva. Ahora bien, ¿qué son estas informaciones intersubjetivas que contribuyen a la cooperación entre los

---

[187] Harari, *Sapiens*, 131.

individuos y condicionan, por tanto, su comportamiento? Ahondamos en ello a continuación.

Las realidades culturales

Así pues, desde el punto de vista de la neurociencia, las informaciones intersubjetivas son aquellos objetos que parten de experiencias mentales generadas en los organismos y que son compartidas con otros organismos con capacidades cognitivas semejantes por medio de una actividad comunicativa que las codifica. Estas informaciones son herramientas que tienen un papel en la cohesión y la ordenación de los comportamientos –lo que entendemos como cultura– de los individuos en conjuntos que denominamos sociedades y, precisamente por su naturaleza intersubjetiva, su existencia depende directamente de la existencia de conjuntos de seres humanos que siguen transmitiendo, integrando y utilizando la información de la que se componen. Los objetos intersubjetivos son lo que Harari entiende como realidades intersubjetivas o realidades culturales[188]. Todos los discursos compartidos en sociedad –religión, ciencia, economía, política, arte y por supuesto literatura, entre otros– son realidades culturales que dependen directamente de la existencia de individuos humanos conscientes. No obstante, el hecho de que dependan para existir de la vida mental de los seres humanos no significa que sean menos reales que objetos cuya existencia y papel en el mundo es independiente de la consciencia humana, como un árbol, el agua o una roca. De hecho, como veremos, estas realidades culturales tienen diferentes e importantes impactos en los individuos y también en los entornos que rodean a estos individuos.

Ya sabemos que nuestras habilidades cognitivas favorecen nuestra capacidad comunicativa, que es precisamente lo que permite la expansión de estas realidades culturales. Para llevar a cabo esta transmisión, utilizamos herramientas que previamente hemos inventado y compartido intersubjetivamente –gracias a nuestra capacidad de simbolizar– y que también podemos entender como un tipo de realidad cultural: los lenguajes[189]. Estas herramientas comunicativas son, en concreto, objetos culturales que permiten una transmisión de experiencias mentales mucho más rica y detallada y, asimismo, funcionan como trampolín para

[188] Harari, *Sapiens*, 30.

[189] Cuando hablamos de lenguajes, nos referimos no sólo a las lenguas como sistema de comunicación verbal, sino a cualquier sistema de signos que nos permita establecer

la difusión de otras realidades culturales, posibilitan un mayor entendimiento y favorecen la acción cooperativa entre los individuos de las diferentes sociedades. Por tanto, podemos decir que los lenguajes, como realidad cultural, son herramientas que impactan en la cooperación social ampliando y sofisticando la transferencia de experiencias internas de los individuos. Ahora bien, otras realidades culturales –que se nutren de los distintos lenguajes para transmitirse– tienen otros tipos de impactos en los individuos que conforman el tejido social.

Por ejemplo, reparemos en las religiones. Todos los fieles cristianos medievales, conocedores de la doctrina y de su bagaje mítico, eran capaces, sin conocerse entre sí y de interactuar siguiendo unos patrones de conducta similares que estaban fijados en determinados discursos que se plasmaban verbalmente en sermones o materialmente en textos, pinturas, esculturas colocadas en determinados lugares de culto… La recepción e interpretación de estos discursos facilitaba que muchos individuos pudieran tener una experiencia cognitiva similar a lo que entendemos como realidad. Fuera del ámbito de la religión, hoy continuamos generando otros discursos que ordenan y coordinan nuestro comportamiento proponiendo experiencias comunes sobre el entorno y sobre nuestra actuación dentro de él. Aunque siempre hay excepciones, generalmente todos los individuos de nuestra sociedad occidental esperan, por parte de otros individuos, un trato específico basado en lo que hemos denominado igualdad, respeto, libertad … Se trata de principios que se recogen en la Declaración Universal de los Derechos Humanos; un texto que plasma un discurso en el que se establecen acuerdos que, según se entiende, benefician, en general, al conjunto social y que requieren una alta cooperación de los individuos que forman parte de estos grupos.

Por tanto, cada objeto cultural o realidad cultural contribuye de una forma distinta a la estructuración y organización cooperativa de las sociedades y esto significa que impacta de un modo diferente en los individuos. El arte entra dentro de este conjunto de realidades culturales y sus diferentes formas discursivas –que englobamos en diferentes disciplinas artísticas como la pictórica, la musical, la literaria…– también tienen un impacto concreto en los individuos y afectan a la organización y estructuración de los grupos sociales en los que estos se integran con

una actividad comunicativa que integre la expresión e interpretación de información, ya sea de carácter verbal, gestual, musical, visual…

una proyección homeostática. No obstante, no vamos a teorizar en este momento sobre el impacto del arte y de la literatura en los individuos y sus mejoras –en términos de homeostasis– sobre la organización y coordinación social. Hablaremos de esto más adelante. Antes necesitamos aclarar una cuestión esencial: ¿cómo se convierten nuestras experiencias mentales creadas en objetos o realidades culturales?

Atendiendo a cómo la neurociencia explica teóricamente nuestra cognición, sabemos que las sensaciones que derivan de la construcción de mapas neurales son experiencias o sensaciones no verbales –*imágenes* mentales– y que se coordinan de forma narrativa. Entendemos que el ser humano es capaz de crear intencionalmente *imágenes* mentales a partir de la modificación de los recuerdos que ya posee y es este proceso el que seguimos, en diferentes niveles no concretables, para crear, imaginar o inventar nuevas ideas, mecanismos o historias que, en principio, están compuestas por narrativas de *imágenes* mentales que, recordemos, son experiencias o sensaciones no verbales. Que estas nuevas ideas –que son aún experiencias mentales– se conviertan en objetos o realidades culturales pasa, primeramente, por hacerlas comunicables y, por tanto, transmisibles. Este proceso requiere la creación de unas nuevas *imágenes* a partir de la modificación intencional de las que ya poseemos en virtud de su simbolización. Estas nuevas *imágenes* o narrativas de *imágenes* codifican simbólicamente las experiencias o sensaciones que suponen las *imágenes* no verbales que habíamos creado con originalidad a partir de la modificación intencional de recuerdos. Están diseñadas para ser plasmadas a través de un medio lingüístico. Este proceso puede entenderse como una forma de transducción[190] en la que un tipo de señal –una experiencia mental interna no verbal– se transforma en otra distinta para hacerse comunicable.

Estas nuevas *imágenes* o narrativas de *imágenes* conjuntas, por tanto, codifican simbólicamente las experiencias o sensaciones en lenguajes –verbales, visuales, musicales, gestuales…– y están diseñadas para ser

---

[190] El concepto de transducción, que tiene su origen en el ámbito de la genética y de la fisiología, ya ha sido utilizado en varias ocasiones por la Teoría de la Literatura. Véase Lubomír Doležel, 'Semiotics of Literary Communication', *Strumenti Critici* 1 (1986), 5–48 y Tomás Albaladejo, 'Transducciones en la obra de Enrique Vila-Matas', en María Dolores de Asís Garrote y Ana Calvo Revilla, eds, *La novela contemporánea española* (Madrid: Universidad de San Pablo CEU, 2005), 11–31.

plasmadas o intensionalizadas[191] en distintos medios o canales lingüísticos que les otorgan materialidad en el entorno: el oral, el escrito, el audiovisual, el visual… El resultado de este proceso es el objeto cultural. En un sentido inverso, el receptor, expuesto al medio o al canal lingüístico, recibe esta información y la decodifica o interpreta siguiendo unas operaciones de simbolización, que puede efectuar gracias a su habilidad para modificar intencionalmente *imágenes* mentales. Esto tiene como conclusión que el receptor experimenta unas *imágenes* mentales no verbales a partir de la interpretación del objeto cultural. Estas *imágenes* no serán nunca las mismas experiencias que el productor sintió y codificó, sino que serán unas experiencias nuevas, intervenidas por los recuerdos del receptor –porque se decodifican a partir de ellos–, que guardan ciertos puntos de convergencia con las del productor. Esto es lo que provoca que no todos tengamos las mismas sensaciones que otras personas al ver una película, leer un poema o conocer una ideología política.

Atendiendo a esta explicación sobre la producción y recepción de objetos culturales desde los postulados teóricos de la neurociencia, vamos a reconsiderar conceptos muy útiles como el de discurso y el de texto. Existe, en el ámbito teórico, un debate a propósito de la distinción entre los conceptos de discurso y de texto: algunas voces abogan por considerarlos sinónimos, otras por distinguir sus significados. Teun A. van Dijk distingue entre los dos términos y considera el texto como 'la construcción teórica abstracta que subyace a lo que normalmente se llama un DISCURSO'. Los discursos, en cambio, son 'aquellas expresiones a las que

191 En lógica, filosofía del lenguaje y Teoría de la Literatura (entre otras disciplinas) se utilizan los conceptos de extensión y de intensión para hablar, respectivamente, de los objetos a los que se aplica un conjunto de signos y su significado y los signos y significados que se aplican a un conjunto de objetos. Por ejemplo, la oración 'Los instrumentos de cuerda de la orquesta' es el conjunto de signos que se aplica a la extensión (las entidades) violín, viola, violonchelo, contrabajo, guitarra… Estos objetos de carácter extensional (violín, viola…) se ven intensionalizados por la expresión 'los instrumentos de cuerda de una orquesta'. A propósito de los conceptos de extensión y de intensión, véase Barbara Stanosz, 'Formal Theories of Extension and Intension of Expression', *Semiotica* 2 (1970), 102–144 y Teun A. van Dijk, *Texto y contexto (semántica y pragmática del discurso)*, trad. Juan Domingo Moyano (Madrid: Cátedra, 1993), 68–75. Según Francisco Chico Rico, es Tomás Albaladejo Mayordomo quien utiliza, por primera vez, el concepto de intensionalización y sus respectivas formas verbales en referencia a la formalización lingüística de la realidad en *Teoría de los mundos posibles y macroestructura narrativa. Análisis de las novelas cortas de Clarín*. Véase Francisco Chico Rico, *Pragmática y construcción literaria. Discurso retórico y discurso narrativo* (Alicante: Universidad de Alicante, 1988), 91.

puede asignarse estructura textual' y que conllevan una acción comunicativa[192]. Van Dijk comprende el discurso como el proceso comunicativo por entero, inserto en un determinado contexto social. Nosotros, como Van Dijk, pensamos que es oportuno distinguir entre los dos conceptos y nuestra aproximación neurocientífica nos permite elaborar una definición más concreta. A través de nuestra explicación, podemos identificar como discurso el conjunto de narrativas de *imágenes* codificadas para ser comunicables en un determinado contexto sociocultural. El texto es el material resultante de la plasmación o intensionalización material de esas *imágenes* mentales codificadas en símbolos y está compuesto por un conjunto de signos lingüísticos organizados y estructurados en torno a unas reglas. Dependiendo del tipo de lenguaje que empleemos para llevar a cabo esa codificación simbólica –verbal, visual, gestual…–, obtendremos un tipo de texto u otro –texto verbal oral, texto verbal escrito, texto visual, texto audiovisual–, que por el conjunto de sus características identificaremos como un discurso político, una novela, un manifiesto, una película… El objeto cultural está conformado por esta codificación, que es el discurso, y por la forma textual con la que se materializa en el entorno y que permite su transmisión.

En síntesis, los textos, como artefacto materializador –o intensionalizador– del discurso, son el objeto que empleamos para convertir en realidad material aquellas narrativas de *imágenes* que creamos y experimentamos a través de un conjunto de procesos cognitivos que se dan en el sujeto y que han sido codificadas en un discurso mediante una transducción. Las materializamos con el interés de que la esencia de su experiencia llegue a otros individuos a través de un intercambio comunicativo y en ese interés subyace la intención de provocar o compartir un determinado impacto experiencial en el otro. El resultado de este proceso es lo que entendemos como objeto o realidad cultural.

Hay que considerar que, aunque las distintas realidades culturales intersubjetivas que transmitimos tengan impactos diferentes en los individuos que componen el tejido social y contribuyan de modos distintos a la cooperación y organización de estos en virtud del imperativo homeostático de la especie, estas realidades culturales no son ajenas las unas de las otras. Por el contrario, muchas de ellas son interdependientes y establecen lazos. Por ejemplo, pensemos en el arte y la religión: ¿cuántas

---

[192] Teun A. Van Dijk, *Texto y contexto*, 32.

veces a lo largo de la historia el discurso artístico le ha servido al religioso como vehículo para diseminar sus órdenes sociales? O, por ejemplo, reparemos en cómo la literatura, la ciencia, la política y la religión se han servido de los sistemas de escritura y de las lenguas para materializarse. Por tanto, cuando pensamos en las distintas realidades culturales, no debemos entenderlas como objetos o información intersubjetiva aislada, sino que hemos de comprender que todas ellas establecen relaciones retroalimentativas entre sí y, por tanto, contienen influencias de otros objetos culturales. Esto explica que un texto literario pueda contener un mensaje religioso, que una pieza musical esté inspirada en la secuencia de una película o que un discurso científico pueda reflejar intereses políticos. Para ilustrar la flexibilidad con la que los discursos culturales se influencian entre sí, vamos a adoptar el concepto de galaxia de discursos, propuesto por Tomás Albaladejo Mayordomo[193] en el ámbito de la Teoría de la Literatura. A través de este concepto podemos entender la realidad cultural o realidad intersubjetiva como la totalidad del conjunto de los objetos o realidades culturales que establecen relaciones entre sí y que constituyen una red de información sobre la que los individuos de las diferentes sociedades se organizan y desarrollan actitudes cooperativas. El arte y la literatura, como realidades culturales, forman parte de esa galaxia discursiva y establecen vínculos con otras realidades intersubjetivas.

---

193 Tomás Albaladejo, 'Interconexiones de géneros literarios y discursivos en la novela. Perspectivas desde el análisis interdiscursivo', en Ana Baquero Escudero, Fernando Carmona Fernández, Manuel Martínez Arnaldos y Antonia Martínez Pérez, eds, *La interconexión genérica en la tradición narrativa* (Murcia: Editum, 2011), 277–302.

Figura 4.1 La galaxia discursiva que conecta las realidades culturales

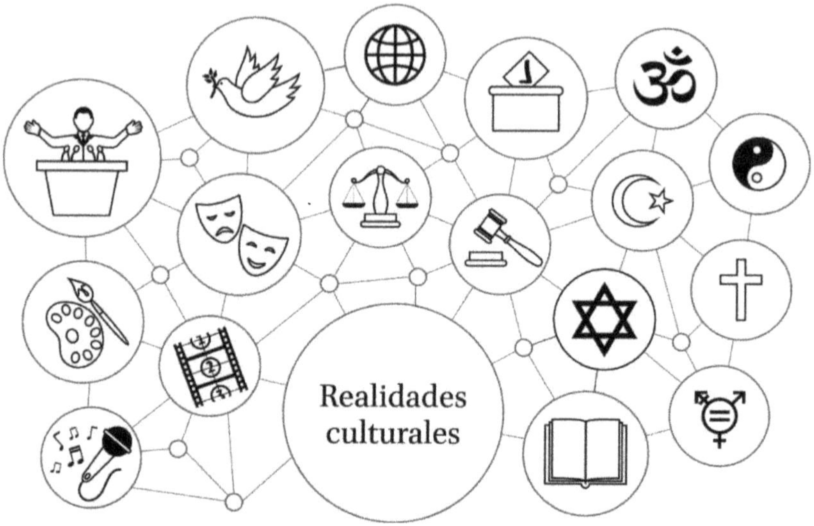

El impacto del arte como realidad cultural

En la línea de la Psicología Evolucionista, Boyd propone entender la actividad artística como una adaptación[194] que supone una serie de avances –en términos de homeostasis– y que, por consiguiente, está diseñada para cumplir ciertas funciones e impactar de determinada manera en los seres humanos. Boyd sugiere que los avances que implica el arte están muy relacionados con los del juego, un mecanismo que no sólo aparece entre comportamientos humanos, sino que también es una conducta propia de otros mamíferos[195]. Escribe el investigador que, según los expertos, en muchas especies de animales el juego implica comportamientos

194 Boyd describe el arte como 'An evolutionary *adaptation*, recall, is a feature of body, mind, or behavior that exists throughout a species and shows evidence of good *design* for a specific *function* or functions that will ultimately make a difference to the species' survival and reproductive success' [Una adaptación evolutiva, recordémoslo, es una característica del cuerpo, la mente o el comportamiento que existe en toda una especie y muestra pruebas de un buen diseño para una función o funciones específicas que, en última instancia, marcarán la diferencia en la supervivencia y el éxito reproductivo de la especie]. Véase Boyd, *On the Origin of Stories*, 80.

195 Ibid.

que requieren grandes cantidades de energía, pero, como contrapartida, cumple en estos animales importantes y poderosas funciones. El juego es una conducta exploratoria a través de la que los individuos adquieren experiencia en contextos de bajo riesgo y que sirve como preparación –aprendizaje– para situaciones futuras[196]. Uno de los componentes indispensables del juego es el placer, que despierta una serie de experiencias mentales positivas, con un alto y complejo impacto emocional. Estas experiencias mentales implican la liberación de sustancias como la dopamina, que invitan al organismo a gastar gustosamente energía en el proceso de aprendizaje, durante el cual adquirirá nuevas habilidades –atacar, defenderse, competir, cooperar...– para atajar situaciones futuras: 'The more often and the more exuberantly animals play, the more they hone skills, widen repertoires, and sharpen sensitivities. Play therefore has evolved to be highly self-rewarding'[197] [Cuanto más a menudo y más exuberantemente juegan los animales, más perfeccionan sus habilidades, amplían sus repertorios y agudizan sus sensibilidades. El juego, por tanto, ha evolucionado para ser altamente gratificante].

Según las teorías de Boyd, el arte evoluciona sobre esta base, junto con nuestro nivel de consciencia. De acuerdo con el autor, se trata de un tipo de juego cognitivo que estimula nuestro cerebro de un modo especial y diferente al que lo hacen nuestras rutinas de la vida cotidiana y ese estímulo tiene ciertas funciones:

> It offers what biologists call a supernormal stimulus, an incentive more intense than usual, in this case a rush of the kinds of patterned information that our minds particularly crave. Because neural connections establish themselves piecemeal through experience, and because we find art self-rewarding, because we engage in it eagerly and repeatedly, art can over time fine-tune our minds for rapid response in the information modes that matter most to us.[198]
>
> [Esto ofrece lo que los biólogos denominan un estímulo supernormal, un incentivo más intenso de lo habitual, en este caso un torrente del tipo de información en patrones que nuestras mentes desean especialmente. Dado

196 Muchas veces se ha descrito el juego como una actividad banal y frívola que sólo implica mero entretenimiento. Roger Callois reivindicó su importancia sociocultural en *Man, Play and Games*. Actualmente, los estudios cognitivos consideran el juego una pieza clave para el aprendizaje humano.

197 Boyd, *On the Origin of Stories*, 92.

198 Boyd, *On the Origin of Stories*, 94.

que las conexiones neuronales se establecen poco a poco a través de la experiencia y que el arte nos resulta gratificante, porque lo practicamos con avidez y repetidamente, el arte puede, con el tiempo, afinar nuestra mente para una respuesta rápida en los modos de información que más nos interesan].

Entendido desde esta perspectiva, comprendemos el arte como un conjunto de actividades que desencadena estímulos en el ser humano y lo hace comprometiendo la atención del individuo al aprovechar la preferencia humana por la exposición de patrones de información inferencialmente valiosa. Estos estímulos, de forma parecida a como ocurre en el juego, resultan útiles para preparar, enriquecer y flexibilizar nuestra mente. Dicho de forma más técnica, contribuyen a estimular nuestras conexiones neurales y favorecen el reciclaje neuronal, lo cual repercute en nuestra cognición y, consecuentemente, en nuestra forma de interpretar los entornos que nos rodean y de interactuar con ellos[199].

Boyd propone, por tanto, comprender el arte como un reto cognitivo: una propuesta experiencial en la que el receptor accede a una serie de informaciones valiosas, presentadas con determinados patrones que despiertan su interés. El receptor establece un compromiso personal con una forma artística que implica un conjunto de experiencias que funcionan como un terreno de experimentación en el que el sujeto puede poner a prueba su percepción de los entornos externos e internos que lo rodean. Los retos a los que el arte somete al ser humano pueden interferir en su forma de entender entornos que lo envuelven, pueden condicionar su interacción con los mismos y, como desencadenan respuestas similares en diversos individuos que se comunican entre sí, afectar a la coordinación y la cohesión social: 'Art as a kind of cognitive play stimulates our brains more an does routine processing of the environment'[200] [El arte, como tipo de juego cognitivo, estimula nuestro cerebro más que el procesamiento rutinario del entorno]. El arte y la literatura, como forma de arte, favorecen experiencias mentales con un alto y complejo contenido que impacta emocionalmente y que puede condicionar la forma en la que se observa el mundo y la manera en la que se toma parte de él.

Además, Boyd también menciona que el arte no sólo afecta al individuo, sino que juega un papel indispensable en la coordinación y cooperación social. Estas funciones entran en consonancia con las que

---

199 Boyd, *On the Origin of Stories*, 96.

200 *Ibid.*

adscribíamos con anterioridad al conjunto de discursos que constituyen la realidad cultural, del que el arte y la literatura forman parte. Un ejemplo evidente es el rol que históricamente ha tenido en Occidente el arte como instrumento de difusión de diferentes religiones o de determinadas ideologías político-económicas, como ocurrió, por ejemplo, con el marxismo. Las catedrales, los cuadros religiosos, las mezquitas, la *Biblia*, la literatura marxista, cualquier himno nacional, la novela *Operación Masacre* de Rodolfo Walsh… todos ellos son productos culturales artísticos de diferentes tipos –plásticos, musicales, literarios…– en los que existe una marcada interdiscursividad con otros productos culturales –religiosos, ideológicos…– y que contribuyen, de distintas formas, a la coordinación de los individuos que conforman el tejido social actuando como herramienta para la difusión de determinadas ideas organizativas.

La galaxia discursiva en la que estamos insertos favorece el flujo de información entre los individuos: a través de un poema de Raúl Zurita, por ejemplo, nos puede llegar una idea política o una denuncia social; en un billete de quinientas pesetas podíamos encontrar impreso el rostro de Rosalía de Castro y la obra divulgativa del físico Carlo Rovelli contiene referencias literarias. Según Albaladejo[201], los seres humanos no solamente vivimos envueltos en una galaxia de naturaleza comunicativa, sino que, también, nuestra vida en sociedad se desarrolla a través de esa galaxia, que está caracterizada por la divergencia y por la confluencia de los discursos que se integran en ella. Cualquier discurso, según el autor, puede converger y unirse con otros en cualquier producto.

Crear y transmitir *imágenes* sin referente material

Todo este desarrollo nos conduce a concluir que las habilidades cognitivas que nos permiten pensar en lo que no tiene materialidad en nuestros entornos a través de la modificación intencional de narrativas de *imágenes* recordadas –es decir, inventar– son la piedra angular de la expansión de las posibilidades comunicativas del *sapiens*. El funcionamiento de las neuronas espejo ya implica formas de conexión entre las experiencias mentales de los diferentes individuos. Sin embargo, es la posibilidad de inventar –introducida, posiblemente, por la evolución de un centro

---

201 Véase Albaladejo, 'Interconexiones de géneros literarios y discursivos en la novela', 8–9.

cortical deliberativo– la que nos permite generar herramientas –objetos o realidades culturales– que amplían la cantidad y la precisión de la información que se comparte sobre estas experiencias. La habilidad de inventar sofistica la capacidad colaborativa de los organismos forman parte de la especie de diversas maneras y sofisticaciones traen consigo importantes beneficios homeostáticos.

Por tanto, la capacidad cognitiva de inventar o de hablar sobre lo que no tiene materialidad en el entorno es la base sobre la que se edifica toda nuestra cultura o conjunto de asunciones y comportamientos compartidos. No sólo compartimos información sobre lo que no existe –o sobre lo que no tiene materialidad en el entorno– cuando creamos un personaje ficcional como Gandalf el Gris. Lo hacemos constantemente cuando atribuimos nombres a cosas, cuando decidimos cuántos euros vale un libro o cuando marcamos las fronteras entre países. Pero que esos objetos culturales tengan su origen en procesos mentales no los convierte en menos reales que otros objetos que existen independientemente de nuestra cognición, como los animales, las plantas o las rocas. Esos objetos culturales tienen un impacto en nuestro comportamiento efectivo y también en los entornos que nos rodean y en otras formas de vida que los habitan y, además, muchas veces adquieren materialidad en ellos. Gandalf lo hace a través de textos impresos en papel, los euros a través de piezas de metal y las fronteras quedan delimitadas en paneles enormes que las marcan en las carreteras. La capacidad de inventar no sólo determina nuestro modo de percibir nuestros entornos. La invención determina también nuestros comportamientos colectivos en ellos y los condiciona profundamente.

Sabemos, entonces, que la posibilidad de crear *imágenes* o narrativas de *imágenes* que no refieren a objetos o eventos con una materialidad física en nuestros entornos es lo que nos permite, en última instancia, compartir con otros seres humanos nuestra vida interior y nuestra visión subjetiva del mundo. Los mecanismos de la suposición o invención son el pilar que cimienta nuestra cognición y, sin ellos, no poseeríamos nuestra visión actual de la vida ni entenderíamos de la misma forma el lugar que ocupamos en el mundo. Aquello que el ser humano considera realidad es interdependiente de la invención.

En síntesis, entendemos que:

1) El pilar de nuestra creatividad y capacidad comunicativa es la habilidad para producir nuevas *imágenes* mentales sobre hechos y eventos sin materialidad física en los entornos a partir de la modificación

de *imágenes* mentales recordadas. Esto es lo que entendemos como invención y nos permite pensar y hablar sobre aquello que *no existe* y hacer previsiones sobre el futuro.

2) La capacidad de inventar condiciona nuestra forma de experimentar el mundo que nos rodea.
3) Esta capacidad de inventar –que parte de la generación de *imágenes* a través de la modificación de recuerdos– es la que nos permite comunicarnos con mucha efectividad.
4) La comunicación posibilita la transmisión de las narrativas de *imágenes* que forman parte de la subjetividad del individuo y esto facilita que los seres humanos puedan compartir sus experiencias mentales individuales.
5) Desde estas experiencias internas, y gracias a la invención, se generan discursos transmisibles que son intensionalizados a través de distintos lenguajes.
6) Estos discursos que adquieren materialidad verbal, visual, gestual… son objetos o realidades culturales o intersubjetivas que estimulan la cooperación entre los individuos.
7) La cooperación y organización entre los individuos de las sociedades es un mecanismo importante que favorece el bienestar homeostático de la especie en general y de sus individuos en particular. La realidad intersubjetiva –y todos los conjuntos de *imágenes* que codifican sus discursos– tiene un papel crucial en la organización de las sociedades.
8) Cada discurso surge a partir de distintas necesidades y todos cumplen diferentes propósitos y esperan provocar diversos impactos en los receptores. Las *imágenes* y narrativas de *imágenes* se codifican en ellos en un ejercicio de transducción muy concreto en atención a esos propósitos.
9) De entre todos los discursos culturales, el arte cumple unas funciones vinculadas con el aprendizaje y produce experiencias mentales de un alto y complejo impacto emocional, si bien también puede acoger los propósitos de otros discursos culturales.

SEGUNDA PARTE

FICCIÓN, ARTE Y LITERATURA DESDE LAS CIENCIAS COGNITIVAS

CAPÍTULO UNO

Del estudio del objeto artístico al estudio del sujeto

Ficción más allá del arte y de lo literario

Desde hace dos siglos, las distintas sociedades han visto condicionada su manera de vivir y de entender la vida gracias a un imparable desarrollo tecnológico que sigue cambiando a un ritmo vertiginoso nuestra forma de relacionarnos con la realidad. Este desarrollo tecnológico ha afectado cada aspecto singular de nuestra existencia cultural: ha intervenido nuestra realidad laboral, nuestra propia movilidad y la de nuestros recursos por el planeta, ha amplificado nuestras posibilidades comunicativas y, por supuesto, también ha introducido nuevos discursos dentro del espectro de lo que consideramos arte. El surgimiento y el desarrollo del cine en el siglo XX y la aparición de los videojuegos en las últimas décadas del XX y su vertiginosa evolución durante el siglo XXI han supuesto la introducción, gracias a la tecnología, de nuevos discursos artísticos tan capaces de contar historias consideradas como ficcionales como la tradicional literatura. Estos discursos, además, han traído consigo importantes innovaciones que han introducido nuevas relaciones entre los productos artísticos ficcionales y los receptores. Un ejemplo claro es el videojuego, cuya naturaleza interactiva permite al receptor dejar de ser un espectador y le otorga el poder de participar activamente en el desarrollo del relato.

La naturaleza de estos nuevos discursos demanda una nueva forma de estudiar las relaciones comunicativas entre productores y receptores de los artefactos artístico-narrativos y ficcionales y urge una nueva teoría capaz de considerar las posibilidades de estos artefactos y de abrir a otros discursos, además del literario, conceptos como el de narración o ficción. Sin embargo, hoy en día, pese a que la mera existencia del cine o de los videojuegos ya implica, por sí misma, que la narración ficcional no es una característica exclusiva de la literatura, es la Teoría de la Literatura la disciplina que se sigue ocupando de definir estos conceptos tan elementales y lo hace atendiendo a tópicos y prejuicios restringidos a lo literario y calcificados en el pensamiento tradicional. Tópicos como el binomio realidad/ficción, que, por haber sido introducidos por autores clásicos, siempre se han asumido como verdaderos y nunca se han cuestionado.

Ahora bien, todos estos tópicos y prejuicios dejan de funcionar si dejamos de obviar los procesos que tienen lugar en los productores y los receptores, a un nivel neurocognitivo, que son los que permiten crear e interpretar los objetos artísticos que con tanto afán hemos descrito y catalogado hasta el momento[202]. Vamos a observar a continuación cómo la asunción de que aquello que es ficción es distinto y excluyente de lo que consideramos como real no tiene sentido desde un punto de vista neurocognitivo.

De acuerdo con la forma con la que la neurociencia explica nuestras operaciones mentales, se puede entender el discurso literario como una codificación de *imágenes* o narrativas de *imágenes* mentales en un lenguaje natural verbal, que puede materializarse o intensionalizarse en un texto escrito u oral. Sabemos que los textos literarios presentan unas determinadas particularidades que nos permiten diferenciarlos de otros textos que sin fines artísticos. Por ejemplo, nos solemos fijar en la forma en la que se utiliza el lenguaje para escribir un texto para discriminar si es o no literario. No utilizamos de igual forma el lenguaje cuando le contamos a un amigo nuestras últimas vacaciones en Grecia y cuando escribimos un soneto. Pero, junto con el uso del lenguaje, otra característica que se tiene en cuenta para diferenciar si un texto es o no artístico es su referencialidad: si el texto incluye información sobre objetos y eventos que no han tenido lugar en nuestro entorno externo o interno, entendemos que se trata de un producto ficcional y, por tanto, literario.

---

[202] Hay que recordar, sin embargo, que, aunque el campo de estudios de la neurociencia ya es capaz de constatar a través de mediciones muchas de las operaciones que lleva a cabo nuestro sistema nervioso y que producen determinadas experiencias cognitivas, lo cierto es que todavía no se pueden practicar mediciones sobre las mismas experiencias cognitivas. Esto significa que cuando hablemos de los procesos mentales que tienen lugar en la consciencia del productor y del receptor de la obra ficcional, estaremos elaborando descripciones sobre teorías neurocientíficas, no sobre completas constataciones. Estas teorías son todavía aproximativas porque, precisamente por no existir todavía tecnología capaz de rastrear las sensaciones individuales, se basan para constituirse en reportes, en la observación de la conducta de los sujetos y, por supuesto, en los resultados empíricos que ofrece el rastreo de las operaciones físicas que ocurren en nuestro sistema nervioso.

Solemos considerar la información sobre objetos y eventos sin materialidad como irreal. Percibimos que no existen las cosas que no tiene una corporeidad en nuestro entorno y esto ocurre porque, tradicionalmente, hemos explicado esta falta de corporeidad como una carencia de veracidad. No obstante, tenemos que ser muy precavidos con esta asunción, en la que radica la dualidad ficción/realidad, porque no se ajusta, para nada, a la forma en la que nuestros sistemas cognitivos interpretan el mundo que les rodea.

Si continuáramos asumiendo como válida y funcional la afirmación 'lo que es ficción no existe' y, al mismo tiempo, intentáramos explicar la construcción y recepción del hecho literario desde los presupuestos de la neurociencia, diríamos que los textos ficcionales y literarios codifican, en un lenguaje desviado de su uso estándar, una serie de experiencias mentales que son pura y exclusivamente el resultado de la creatividad humana y que no existen en el mundo real. Dicho técnicamente: diríamos que los textos ficcionales y literarios siempre se constituyen por narrativas de *imágenes* mentales sobre objetos y eventos sin materialidad en nuestros entornos, las cuales son el resultado de la modificación intencionada de otras *imágenes* mentales experimentadas y recordadas. Describiríamos, en cambio, los textos no artísticos como aquellos que codifican, en un lenguaje estándar, una serie de experiencias mentales que no resultan de nuestras capacidades creativas, sino que han sido generadas a través de la interacción con nuestros entornos. Dicho técnicamente: diríamos que los textos no artísticos siempre se constituyen por narrativas de *imágenes* mentales sobre objetos y eventos que sí han tenido materialidad física en nuestros entornos. Sin embargo, esta explicación no estaría bien ajustada al intrincado funcionamiento real de nuestros procesos cognitivos.

Diferenciar entre las *imágenes* mentales que se codifican en los discursos literarios y las que se codifican en otros tipos de discursos nos conduce a pensar que el ser humano puede experimentar *imágenes* mentales de dos naturalezas diferentes, que nada tienen que ver entre sí. Sin embargo, esto no es así: no disponemos de experiencias mentales reales que son diferentes y excluyentes de las experiencias mentales ficcionales o creativas. Sabemos ya que el funcionamiento de nuestra cognición no es tan sencillo y referíamos en capítulos anteriores que, si bien experimentamos narrativas de *imágenes* de diversas procedencias –algunas procedentes de la interacción con nuestros entornos externos, otras procedentes de las interacciones con nuestros entornos internos, otras a partir de la modificación de *imágenes* almacenadas de todo tipo...–, ninguna *imagen* es independiente del resto y la construcción de todas ellas está mediada por otras que han sido almacenadas o que están siendo experimentadas en ese momento. Todas las *imágenes* que evocamos en nuestra consciencia se relacionan entre sí y se interconectan de múltiples e incontables formas. Ilustramos el funcionamiento de estos procesos cognitivos en la Figura 1.1.

Figura 1.1 Funcionamiento de los procesos cognitivos que constituyen la invención

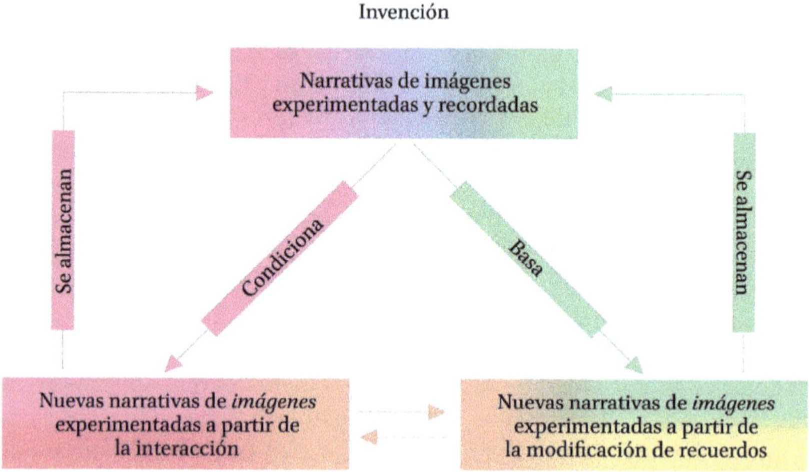

Esto significa, como muestra la Figura 1.2, que lo que entendemos como realidad no son sólo aquellas *imágenes* y narrativas de *imágenes* que generamos a partir de la interacción directa con nuestros entornos internos o externos: la generación de estas *imágenes* está condicionada por otras de muy diversos tipos, entre las que están, por supuesto, las *imágenes* que parten de la modificación de recuerdos hacia la proyección de escenarios posibles que incluyen objetos y eventos sin materialidad física; un tipo de *imagen* que sólo nuestra consciencia puede articular. Asimismo, hemos de considerar que estas *imágenes* sobre objetos y eventos sin materialidad física, en tanto en cuanto parten de recuerdos almacenados –el conjunto total de experiencias mentales recordadas–, también están influidas por las *imágenes* que han partido de la interacción directa con alguno de nuestros entornos. Por tanto, podemos decir que lo real está plenamente condicionado por este sistema de generación, retención y manipulación de *imágenes* mentales de cuyo funcionamiento no podemos escapar: es el filtro a través del cual percibimos el mundo y sus capacidades son dependientes de nuestra arquitectura cerebral.

Figura 1.2 Proceso de generación de *imágenes* mentales sobre objetos y eventos sin materialidad

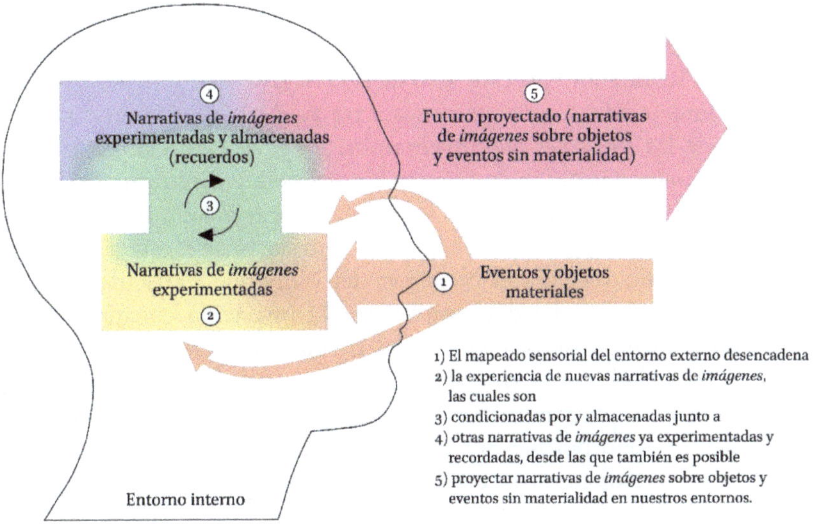

Proponemos algunos ejemplos: una creencia religiosa o espiritual puede determinar la manera de percibir el entorno y de interactuar con él. Los arqueólogos[203] piensan que el ser humano moderno del Paleolítico superior entendía los estados de consciencia alterados –sueños, alucinaciones…– como una conexión con entidades sobrenaturales y que eso fue lo que dio lugar a las muchas de las pinturas rupestres que conservamos, las cuales fueron un intento de fijar esas visiones en el entorno. Asimismo, sabemos que muchas veces, cuando vemos una película de terror sobre posesiones espirituales, automáticamente después no percibimos el entorno de la forma en la que lo hacíamos momentos antes: estamos mucho más atentos a posibles sombras y sonidos repentinos y tendemos a concederles una explicación paranormal. Podríamos extraer otro ejemplo de la observación de cómo las suposiciones pueden comprometer la percepción que tenemos sobre una persona: una compañera deja de contribuir en un trabajo en equipo y, de entrada, la suposición nos lleva a

203 Lewis-Williams, *La mente en la caverna*, 185–208.

percibirla como una persona holgazana y poco interesada en la asignatura. Al poco tiempo, abandona el grado que está cursando y creemos que nuestras suposiciones están ratificadas. Sin embargo, un año después descubrimos que, debido a una desgracia familiar, nuestra compañera tuvo que dejar sus estudios y es entonces cuando cambia nuestra percepción sobre ella.

Esto implica, como ilustra la Figura 1.2, que nuestra manera de entender la realidad no procede sólo de las *imágenes* que generamos a partir de la interacción con los entornos a través de nuestros sentidos, sino también de las *imágenes* que inventamos. La invención condiciona por entero, el funcionamiento de nuestra consciencia y determina de múltiples formas el modo en el que el ser humano se relaciona con el mundo y se adapta a él. Como hemos explicado anteriormente, esta adaptación suele ser beneficiosa para el bienestar del individuo particular y de la sociedad. A lo largo del día, empleamos la invención constantemente para múltiples propósitos: cuando nos preguntamos si a un familiar le habrá pasado algo porque llega tarde a comer; cuando nos preocupamos de si el examen que tenemos mañana saldrá bien; cuando dejamos de hablar a un amigo porque imaginamos que, quizás, ha podido disgustarse por alguno de nuestros actos…

Romper tópicos y asunciones tradicionales

La capacidad de inventar es, por tanto, el engranaje central de nuestra cognición y aunquela aplicamos para crear textos que integran discursos literarios, tiene muchos más usos y propósitos que el artístico. En sí, poder inventar define nuestra forma de percibir el mundo, las interacciones que establecemos con él y la manera en la que comunicamos nuestras experiencias y pensamientos con el resto. Estas conclusiones sobre los procesos cognitivos que se dan biológicamente en el ser humano moderno para 'hablar sobre aquello que no existe' rompen, por tanto, algunas asimilaciones sobre las que tradicionalmente hemos construido el concepto de ficción a partir del estudio de los textos literarios; una ruptura que podemos sintetizar en tres máximas:

Primera máxima: *La ficción no es una característica exclusiva del arte ni de la literatura*

La ficción no es una característica exclusiva del arte ni de la literatura, ni, en general, de ningún discurso materializado en un texto, si bien todos se nutren de ella. La capacidad de inventar es la base de nuestras estructuras mentales, puede tener múltiples y variadas aplicaciones que dan lugar a concreciones o productos muy dispares y determina la relación adaptativa del organismo del individuo con los entornos –internos o externos– en favor del bienestar –homeostasis– del sujeto individual y del conjunto de sujetos.

Nuestra aproximación a los entornos depende, directamente, de nuestra habilidad para manipular *imágenes* recordadas y de proyectar nuevas *imágenes* sobre objetos y eventos que no tienen una materialidad física en esos entornos y, por tanto, no podemos evitar utilizarla de diferentes formas para construir cualquier discurso –entre ellos, el literario– y plasmarlo en un texto a través del lenguaje. De hecho, se requiere de esta habilidad de inventar para establecer una comunicación compleja: sabemos que la existencia de cualquier lenguaje –que es la herramienta que codifica nuestras *imágenes* mentales– depende, directamente, de esta capacidad de generar *imágenes* a partir de la modificación de recuerdos con el interés de proyectar objetos y eventos sin materialidad, que es la que permite la simbolización. Esto significa que todas las narrativas de *imágenes* mentales que se comunican, aunque partan de la experiencia interactiva directa con un entorno, son transformadas –simbolizadas a través de un proceso de transducción– en un discurso comunicable por su naturaleza lingüística. Por consiguiente, que alguien emita la frase 'estoy viendo una mariposa' mientras contempla una mariposa volar ante sus ojos implica que el emisor inicia un proceso cognitivo creativo para manipular e intervenir las *imágenes* mentales que está percibiendo y hacerlas, así, comunicables. El resultado de este proceso es que la narrativa de *imágenes* que se comunica nunca es igual a la que el productor experimenta. Es una transducción de ella, para la cual interviene nuestra capacidad inventiva.

Además, también hay que considerar que las narrativas de *imágenes* que evoca el receptor –después de la decodificación– siempre son recreadas a partir de sus propios recuerdos experimentados: el receptor entiende al productor porque sus experiencias vitales tienen puntos en común con las del productor, pero no son las mismas, por lo que las narrativas de *imágenes* que se proyectan son sustancialmente distintas[204].

---

[204] Esto explica por qué nos cuesta tanto comprender qué experimenta una persona completamente ciega o alguien que padece afantasía y que carece de *imágenes* mentales de tipo visual: no podemos evocar esas experiencias con facilidad porque

Cuando comunicamos algo vivido, un pensamiento o idea, lo hacemos recreando o reconstruyendo –a través del lenguaje– un escenario que pueda acercar al receptor mínimamente a reconstruir la experiencia original. El escenario que se reconstruye no es el original experimentado –y, de hecho, se requiere de la invención para esta reconstrucción–, pero conecta esencialmente al receptor con la experiencia del productor del texto[205].

Es muy importante entender, por tanto, que las invenciones que en literatura llamamos ficción no son exclusivas ni definitorias del discurso literario. El discurso científico, por ejemplo, se nutre de hipótesis o supuestos que, al margen de que después puedan o no ser demostrados, no podrían existir sin esta habilidad creativa que implica construir narrativas de *imágenes* mentales que no parten de una experiencia directa con los entornos, sino que evocan o plantean posibles soluciones, todavía no descubiertas. Estas soluciones del discurso científico aspiran a ser ratificadas y, de hecho, pueden cambiar con facilidad la forma en la que percibimos el mundo que nos rodea. Un ejemplo claro podría ser el cambio en la forma de observar nuestro planeta que sufrieron muchas personas durante los Siglos de Oro, cuando se descubrió que la Tierra orbitaba alrededor del Sol. Lo mismo ocurre con el discurso religioso, a pesar de ser muy diferente al científico. La religión también plantea supuestas soluciones a incógnitas todavía sin respuesta. Para la formulación de estas soluciones, se necesita evocar este tipo de narrativas de *imágenes* sobre objetos o eventos sin materialidad que, por supuesto, afectan a la forma de entender el entorno de los fieles. Otros ejemplos, citados con anterioridad, pueden ser la economía, las ideologías, la política ....[206]

---

nuestro sistema nervioso nunca nos ha posibilitado experimentarlas. No forman parte de nuestro conjunto de *imágenes* experimentadas.

205 A propósito de los procesos psicológicos que los receptores de un texto siguen a la hora de interpretar un texto y de las experiencias mentales que viven, resultan interesantes los siguientes trabajos. Véase Marco Caracciolo, 'Beyond Other Minds: Fictional Characters, Mental Simulation, and 'Unnatural' Experiences', *Journal of Narrative Theory* 44/1 (2014), 29–53. doi: https://doi.org/10.1353/jnt.2014.0005 y Amy Coplan, 'Empathic Engagement with Narrative Fictions', *Journal of Aesthetics and Art Criticism* 62/2 (2004), 141–152. http://www.jstor.org/stable/1559198?origin=JSTOR-pdf.

206 Estas conclusiones coinciden, en ciertos puntos concretos, con muchas de las ideas que desarrolla el Constructivismo Radical desde un punto de vista diferente en trabajos como los de Humberto Maturana y Francisco Varela, Heinz von Foerster o Ernst von Glasersfeld. Véase Francisco Varela y Humberto Maturana, *De Máquinas*

Ahora bien, si es cierto que la introducción de narrativas de *imágenes* sobre objetos y eventos sin materialidad física no es exclusiva y definitoria del discurso literario, también lo es que la forma concreta en que los textos literarios utilizan la invención y codifican estas narrativas de *imágenes* responde a un propósito particular e impacta de una determinada manera en el receptor. Este impacto particular es lo que, pensamos, diferencia la literatura de otros discursos y vamos a desarrollarlo en la siguiente máxima.

---

y Seres Vivos: Una teoría sobre la organización biológica (Santiago de Chile: Editorial Universitaria, 1973); Francisco Varela y Humberto Maturana, *Autopoiesis and Cognition. The Realization of the Living* (Dordrecht-Holland: D. Reidel Publishing Company, 1980); Heinz von Foerster, 'Thoughts and Notes on Cognition', en Paul L. Garvin, ed., *Cognition: A multiple View* (New York: Spartan Books, 1970), 25–48; Heinz von Foerster, 'Das Konstruieren einer Wirklichkeit, en Paul Watzlawick, ed., *Die erfundene Wirklichkeit. Wie wissen wir, was wir zu wissen glauben? Beiträge zum Konstruktivismus*, (München: Piper, 1985), 39–60; Ernst von Glasersfeld, 'Signs, Communication and Language', *Journal of Human Evolution* 3 (1974), 465–474. doi: https://doi.org/10.1016/0047-2484(74)90006-2; Ernst von Glasersfeld, 'On the concept of Interpretation', *Poetics* 12 (1983), 207–218. doi: 'https://doi.org/10.1016/0304-422X(83)90028-1; Ernst von Glasersfeld, 'Einführung in den radikalen Konstruktivismus', en Paul Watzlawick, ed., *Die erfundene Wirklichkeit. Wie wissen wir, was wir zu wissen glauben? Beiträge zum Konstruktivismus* (München: Piper, 1985), 16–38.

Los trabajos del Constructivismo Radical sirvieron como base teórico-cognitiva para la anteriormente explicada Ciencia Empírica de la Literatura, desarrollada principalmente por Schmidt, y para la Retórica Constructivista, planteada por David Pujante, que comprende los recursos expresivos que empleamos en los discursos como construcciones que nos permiten entender e interpretar situaciones sociales. Véase Siegfried J. Schmidt, ed., *Der Diskurs des Radikalen Konstruktivismus* (Frankfurt am Main: Suhrkamp, 1987); David Pujante, 'Constructivist rhetoric within the tradition of rhetorical studies in Spain', *Res Rhetorica* 1 (2016), 30–49. doi: https://doi.org/10.17380/rr2016.1.3 y David Pujante, 'The discursive construction of reality in the context of rhetoric. Constructivist rhetoric', en Esperanza Morales López y Alan Floyd, eds, *Developing New Identities in Social Conflicts. Constructivist Perspectives* (Amsterdam/Philadelphia: John Benjamins Publishing Company, 2017), 41–65. Para profundizar en aspectos relacionados con la Ciencia Empírica de la Literatura, véase Francisco Chico Rico, 'Fundamentos metateóricos de la ciencia empírica de la literatura', *Estudios de Lingüística Universidad de Alicante* 4 (1987), 45–61. doi: https://doi.org/10.14198/ELUA1987.4.03; Francisco Chico Rico, 'La ciencia empírica de la literatura en el marco actual de los estudios teórico-literarios', *Periodística* (1991), 67–80. doi: http://hdl.handle.net/10045/9131 y Francisco Chico Rico, 'Introducción a la Ciencia Empírica de la Literatura', en Francisco Chico Rico, ed., *La Ciencia Empírica de la Literatura. Conceptos, Métodos, Consecuencias* (Madrid/Alicante: Verbum/Universidad de Alicante, 1995), 11–34.

Segunda máxima: *El tradicional binomio ficción/realidad no es operativo*

El funcionamiento del proceso de generación de *imágenes* y narrativas de *imágenes* mentales manifiesta que resulta un sinsentido considerar, en literatura, aquello que denominamos ficción como contrario o excluyente de lo que llamamos realidad. Principalmente, por dos motivos: 1) porque todas las narrativas de *imágenes* que se originan están influidas por otras almacenadas, de todo tipo, y 2) por el potencial impacto material que las invenciones de la literatura pueden tener sobre el individuo y sobre la sociedad.

1) Explicamos anteriormente que cualquier experiencia mental nueva está influida por el variado conjunto de *imágenes* recordadas, que se ve enormemente enriquecido gracias a nuestra capacidad de compartir experiencias internas con individuos con capacidades cognitivas homólogas, lo cual trae consigo una serie de beneficios homeostáticos que optimizan nuestra supervivencia. Cuando interpretamos un texto literario, es fácil ser consciente de que el producto nos está empujando para crear *imágenes* mentales sobre objetos y eventos que, sabemos seguro, no vamos a poder encontrar en el mundo exterior que nos rodea. Sin embargo, gracias a la neurociencia sabemos que, aunque no vayamos a poder encontrar a Gandalf el Gris por la calle, no podríamos disponer de una serie de *imágenes* mentales sobre Gandalf el Gris sin las *imágenes* procedentes de otras entidades que sí han tenido materialidad en nuestro entorno. La interacción con el entorno externo o interno es clave para la generación de experiencias mentales: lo que hemos vivido, lo que otros nos han contado, los productos culturales que otras personas han creado y, por supuesto, las sensaciones que nos han desencadenado esas vivencias es nuestra base para construir cualquier *imagen* mental. Es, en conjunto, la información o el conocimiento sobre el mundo del que disponemos y es lo que nos ayuda a constituir las nuevas experiencias mentales que tendremos a partir de nuevas vivencias o interacciones con esos entornos. Por tanto, en lo que respecta a los textos literarios, no encontramos sentido en la oposición ficción/realidad, en tanto en cuanto la información sobre objetos y eventos sin materialidad física que codifican está construida sobre múltiples experiencias mentales y muchas de ellas, con total probabilidad, parten de la interacción directa con objetos y eventos con materialidad en el entorno externo. Estas experiencias que en su momento partieron de la interacción con los entornos

también estarían condicionadas por otras *imágenes* mentales de todo tipo y, de hecho, su evocación o recuerdo no suele guardar total y absoluta fidelidad con las sensaciones que causaron originalmente.

Veámoslo con un ejemplo. Tolkien crea *El Hobbit,* una obra literaria fantástica en la que, a través del lenguaje verbal escrito, se codifican para ser comunicadas una serie de narrativas de *imágenes* sobre seres que no sólo no tienen lugar en el entorno externo del autor, sino que es muy improbable que lo tengan en ningún futuro posible, puesto que tienen características y condiciones biológicas que no se reúnen en ninguna especie terrestre. Esas narrativas de *imágenes*, se sabe, están construidas sobre otras narrativas de *imágenes* que encuadramos en el ámbito de lo mitológico o lo religioso, que, a su vez y en su momento, se construyeron con la ayuda de *imágenes* experimentadas a partir de la interacción con el entorno exterior a nuestro organismo. Por ejemplo, en la obra, Smaug es un dragón. Está claro que no vamos a experimentar una interacción con ningún dragón como Smaug, porque no son propios del entorno exterior a nuestros organismos, pero sí tenemos una imagen aproximada de Smaug porque otros relatos míticos y populares nos han transferido experiencias mentales sobre estos seres. Ahora bien, aunque es cierto que no vamos a poder interactuar jamás con un dragón, no podríamos disponer de narrativas de *imágenes* sobre ellos si los dragones no guardaran ninguna similitud con alguna entidad de nuestro entorno. Sabemos que estos dragones tienen algunos parecidos fisiológicos con algunos reptiles propios de nuestro entorno terrestre, lo cual indica que las primeras narrativas de *imágenes* que se crearon y que se compartieron colectivamente sobre estas criaturas estuvieron influidas por experiencias interactivas con estos animales.

En síntesis: nuestro conjunto de *imágenes* experimentadas determina la creación de cualquier narrativa de *imagen*, sea del tipo que sea. Lo que ya hemos vivido optimiza y, por consiguiente, condiciona nuestras reacciones ante las nuevas circunstancias que nos toca experimentar[207]. Por

---

[207] Por ejemplo, no se experimenta de igual manera el primer cólico nefrítico que el segundo, ni se experimenta de igual forma el segundo que el tercero. Haber experimentado ya previamente esas *imágenes* internas condiciona las nuevas *imágenes* internas que construimos ante este episodio: ahora sabemos lo que es, sabemos que la tensión y los nervios lo empeoran, conocemos los procedimientos por los que pasaremos cuando vayamos al hospital y estamos respirando con tranquilidad para no agravar la situación. Eso hace que el dolor no sea tan intenso. No obstante, también podría ocurrir que las *imágenes* que experimentamos durante el primer cólico

tanto, las narrativas de *imágenes* que se codifican en los textos literarios y que hablan sobre objetos y eventos sin materialidad física no pueden ser contrarias u opuestas a aquellas que parten de la interacción con el entorno externo porque se construyen apoyándose en ellas y, asimismo, apoyan también, de forma retroalimentativa, la creación de futuras narrativas de *imágenes* que se evocan a partir de la interacción con el entorno externo. Nuestra forma de entender la realidad depende de la invención.

2) El segundo motivo que encontramos para negar la contraposición ficción/realidad es el potencial impacto que las narrativas de *imágenes* codificadas en textos literarios pueden tener en el individuo y en los entornos externos o internos a su organismo. Hablábamos anteriormente de que todas las realidades culturales afectan, de modos distintos, a los individuos y a los entornos que los rodean. No resulta complicado comprobar que la economía tiene un impacto directo en el entorno externo al ser humano. Sólo necesitamos observar los efectos que ha tenido el capitalismo, que ha acelerado y desencadenado consecuencias naturales que empezamos a denominar cambio climático y que hoy identificamos como crisis climática. Tampoco nos cuesta observar cómo las creencias o las jerarquías sociales han provocado, a lo largo de la historia, centenares de guerras que resultaron en miles de muertos o cómo el avance de la ciencia alarga, cada vez más, la esperanza de vida de los individuos. Todos estos discursos culturales han tenido incidencia en nuestros entornos externos e internos porque, sin duda, han condicionado el bienestar de los seres humanos de forma particular y social.

Sin embargo, sí nos cuesta observar qué impacto tiene sobre nosotros y sobre nuestros entornos Gandalf el Gris, del mismo modo que nos cuesta reconocer que la información que integra la declaración de los derechos humanos es tan ficcional como la que constituye los diez mandamientos. También parecemos reacios a aceptar que el valor de cualquier objeto no es el que es; es el que decidimos y convenimos que sea. Parece que el que no seamos capaces de observar, a simple vista, la incidencia macroscópica

---

nefrítico condicionen negativamente nuestra reacción ante el segundo: quizá los tiempos de espera en el hospital fueran excesivos, posiblemente el dolor no remitiera con los primeros analgésicos… Eso puede desencadenar ahora narrativas de *imágenes* internas relacionadas con el nerviosismo, el estrés, el miedo que pueden generar otras *imágenes* internas aún más dañinas para el cuerpo, como un cuadro de dolor muy agudo. Las posibilidades son infinitas.

que tiene la literatura sobre los seres humanos y sobre el mundo refuerza la idea de que su contenido no es real o verdadero. Asimismo, el hecho de que otros discursos culturales ejerzan cambios más evidentes sobre el entorno material y los individuos parece consolidar la idea de que la información que los conforma es una verdad inmutable.

Ahora bien, ya sabemos que todos los discursos culturales son creaciones que forman parte de una realidad intersubjetiva que depende exclusivamente de la existencia humana y de sus capacidades cognitivas. No obstante, esto no implica que no sean verdaderos: todos los discursos impactan de un modo u otro en nuestra existencia y en la de lo que nos rodea, incluso el literario. Por tanto, pese a que las modificaciones que puede producir un texto literario en la sociedad, en el individuo o en los entornos no resulten tan evidentes a simple vista como las que provoca el capitalismo feroz, existen y son efectivas. La teoría de Boyd nos ha ayudado a identificarlas. Explicamos anteriormente que el arte –y la literatura como forma de arte– es una actividad que deriva del juego y que tiene un gran impacto en el aprendizaje de los individuos humanos. Ese impacto, decíamos, es de un gran y complejo calado emocional y consiste en un ejercicio intelectual a través del que el sujeto pone a prueba su relación consigo mismo y con el entorno externo. La literatura puede inferir profundos cambios en la conducta de los seres humanos y de las sociedades y buena muestra de ello es que otros discursos culturales –como la religión o la política– se han servido de ella para hacer aumentar el efecto de su impacto en el tejido social. Por este motivo, también encontramos incongruente seguir sosteniendo que las experiencias mentales que se codifican en los textos literarios son opuestas o excluyentes a lo que entendemos como real.

Por tanto, teniendo en cuenta que 1) las experiencias mentales que se codifican en la literatura no son independientes de las que percibimos a través de la interacción con los entornos materiales que nos rodean y que 2) estas experiencias mentales tienen un impacto en los individuos que las crean y comparten y en los entornos externos e internos que les rodean, pensamos que no tiene sentido seguir sosteniendo que la información sobre objetos u eventos sin materialidad que incluye la literatura es excluyente o puesta a lo que entendemos como realidad. Nuestra capacidad de inventar es, precisamente, la que nos ha llevado a tomar el control de nuestros entornos externos e internos y a modificarlos para nuestro beneficio. Sin ella, no existirían las ciudades, los edificios, la tecnología, las catedrales, no hubiéramos podido curar una infección con antibióticos, ni aliviar un dolor de cabeza. Tampoco hubiera existido la imprenta y no podríamos encontrar varios ejemplares de *Cien años de soledad* en una librería. Nuestra realidad es la que es gracias, precisamente, a nuestra capacidad de inventar. Nuestra capacidad de inventar, la utilicemos o no para crear literatura, es parte de esa realidad[208].

Esto significa, por tanto, que las narrativas de *imágenes* que se codifican en los textos literarios y que muchas veces identificamos como invenciones por reconocer que transmiten información sobre objetos y eventos sin materialidad física no son lo que distingue a la literatura de otros discursos culturales. Todos ellos necesitan este tipo de narrativas de *imágenes* para constituirse. Lo que distingue a la literatura, como discurso cultural, es el tipo de impacto que los textos literarios buscan producir a través de esas narrativas de *imágenes* y el modo en el que las utilizan para ello. Las invenciones codificadas en la literatura influyen en lo que entendemos como realidad: afectan al individuo, afectan a las sociedades e incluso pueden llegar a condicionar la materialidad del medio. Sólo hay que ver cómo otros discursos culturales –cuyas invenciones no han sido consideradas engaños por su tremendo impacto en el entorno, como ocurre con la religión o la política– se han servido de la literatura para hacer más profundo y efectivo su impacto en el tejido social. Por este motivo, también encontramos incongruente seguir sosteniendo que las invenciones que se codifican en textos literarios –a las cuales llamamos ficción– son opuestas o excluyentes a lo que entendemos como *realidad* cuando no es sólo que puedan afectar al modo en el que percibimos esa realidad, sino que, directamente, tienen un impacto efectivo en los entornos materiales que forman parte de ella y en los individuos que la comparten.

Tercera máxima: *En tanto en cuanto el binomio ficción/realidad no es operativo, las tradicionales definiciones que legitiman el concepto de ficción tampoco lo son.*

Explicar de qué modo se conforma la literatura desde el estudio del proceso de producción, almacenamiento, difusión y recepción de

---

[208] Nuestras conclusiones a propósito de la invención o ficción literaria están en consonancia con las que Schmidt desarrolla en el ámbito de la Ciencia Empírica de la Literatura, aunque las del autor parten de un punto de vista y un marco metodológico distintos. Véase Siegfried J. Schmidt, 'The Fiction is that Reality Exists. A Constructivist Model of Reality, Fiction and Literature', *Poetics Today* 5 (1984), 253–274. doi: https://doi.org/10.2307/1771932.

imágenes y de narrativas de *imágenes* mentales revela que la tradicional oposición ficción/realidad no es funcional. Esto significa que las definiciones que han intentado delimitar qué es la ficción aceptando esta oposición tradicional no son compatibles con una forma de estudiar la ficción literaria que contemple los procesos cognitivos de producción y de recepción del texto literario, como tampoco son funcionales los intentos de legitimación de los engaños de la literatura que surgen, por necesidad, derivados de aceptar esta oposición de ficción/realidad.

Entender que hablar sobre lo que no existe es una habilidad que caracteriza nuestro tipo de consciencia y que nos permite dominar los entornos en los que se integra nuestro organismo de formas muy sofisticadas nos aproxima a 1) comprender la invención humana de una manera transversal, no solamente restringida al ámbito de la creación artístico-literaria –lo que hemos denominado ficción–; 2) despejar confusiones y resolver conclusiones problemáticas que eran el resultado de estudiar sólo la invención en el ámbito de la literatura –como la dualidad ficción/realidad y otros problemas derivados de ella–; 3) abrir la puerta a estudiar la literatura como un discurso más, que coexiste y se relaciona con otros dentro de un conjunto que comprendemos como realidad cultural y 4) y flexibilizar las fronteras de lo que, hasta ahora, se ha considerado canónicamente como literario, puesto que ya hemos visto que los productos culturales –todos ellos se construyen, de diferentes formas, sobre la invención– están en estrecho contacto y sus discursos se retroalimentan.

Redefinir la ficción a través de la neurociencia

Desde esta perspectiva, carece de sentido justificar que las invenciones de la literatura deben estar conducidas hacia un propósito doctrinal o didáctico para evitar su potencial carácter engañoso[209] –cuando ya sabemos que invención no es sinónimo de engaño– o que las invenciones de la literatura son legítimas porque trascienden lo racional y son el resultado de una inspiración inexplicable que no ha de ser cuestionada, cuando ya conocemos, racionalmente y con apoyo empírico, el proceso cognitivo que siguen para constituirse, plasmarse y recibirse. Tampoco

[209] Este argumento se sigue aplicando hoy a otros discursos artísticos potencialmente narrativos, como el videojuego, del cual muchas veces se critica su componente violento y que otras tantas se han intentado limitar con propósitos educativos.

tiene sentido considerar que la invención es, simplemente, una imitación de nuestra realidad –sabemos que nuestros recuerdos condicionan de una forma personal e intransferible todas las narrativas de *imágenes* que creamos–; que es una creación diferente, ajena y excluyente de lo real –hemos explicado que la creación de narrativas de *imágenes* sobre objetos y eventos sin materialidad física no puede existir sin la interacción con nuestros entornos y sabemos, también, que tiene impacto en ellos y en el ser humano–; o que la literatura propone un tipo de verdad único, inalcanzable para otros tipos de discursos. Sabemos que la forma en la que las invenciones se dan en la literatura cumple un papel que nos empuja a la cooperación y al aprendizaje de una forma particular, pero también sabemos que lo literario no tiene unas fronteras completamente definidas y que cualquier discurso cultural puede hibridarse con él e incluso instrumentalizarlo en favor de sus intereses.

Entender la ficción desde la neurociencia implica dejar de identificar lo ficcional como una característica inherente y exclusiva de productos artístico-narrativos como los textos literarios. Las experiencias mentales que la literatura codifica, que incluyen información sobre objetos y eventos sin materialidad física, no son distintivas de su carácter artístico: todos los discursos culturales las necesitan, de una u otra manera, para constituirse y en todos juegan un papel esencial. Lo que distingue los productos artístico-narrativos como la literatura de otros discursos culturales es la forma en la que impactan en los receptores y en sus entornos a través de la codificación de las narrativas de *imágenes* mentales y las estrategias que utilizan para conseguir ese impacto.

Estudiar la ficción literaria apoyándonos en los Estudios Cognitivos requiere formular una nueva definición de ficción más inclusiva y abierta, que nos permita, al amparo de este estudio teórico apoyado en fundamentos empíricos, trascender la asumida oposición ficción/realidad, democratizar su uso más allá del arte y, con ello, flexibilizar las hasta ahora férreas fronteras de la que consideramos literatura, de las que muchas veces se han excluido nuevas formas híbridas difíciles de integrar en el actual paradigma de lo literario. No obstante, pensamos que alcanzar una definición más abierta de ficción, que trascienda los presupuestos teóricos tradicionales que la asumen como una característica exclusiva de la literatura y que contemple los procesos cognitivos que se dan en la producción y recepción del objeto literario, pasa por dejar de utilizar el término ficción, que se construye, precisamente, sobre esta asunción y que se ha conformado a partir de un estudio sobre el objeto literario que desatiende las operaciones biológicas que tienen lugar en el productor y en el receptor para que se dé.

Para evitar la restringir el uso del término ficción únicamente al ámbito de la narración artística y de la literatura, en lugar de ficción, es más apropiado utilizar término 'invención'. El concepto de invención contempla que hablar sobre cosas que no disponen de una materialidad física en nuestros entornos no es una característica definitoria de la literatura, sino del tipo de consciencia del ser humano, que es necesaria para constituir e interpretar cualquier discurso –no sólo el literario– y de la que nos servimos, de un modo concreto, a la hora de construir literatura, para provocar un impacto específico en el receptor. Por tanto, cuando hablamos de invención, en el ámbito de la creación de discursos y de la creación textual, nos referimos a

> *la imagen o narrativas de imágenes mentales codificadas en un discurso cultural –o intersubjetivo– por un proceso de transducción, que han sido creadas a partir de un conjunto de procesos cognitivos entre los que, necesariamente, está la modificación intencional de otras imágenes o narrativas de imágenes recordadas para la proyección de eventos y objetos sin materialidad física en los entornos externos o internos al organismo, y que cumplen determinadas funciones específicas en el aprendizaje y en la coordinación de los individuos que conforman las diferentes sociedades humanas modernas.*

Esta redefinición de ficción, ajustada a una descripción de los procesos que el ser humano sigue para que tenga lugar y apoyada, por tanto, en conocimiento demostrable, nos conduce a entender que la construcción de invenciones literarias se lleva a cabo a través de las mismas operaciones cognitivas que dan lugar a otro tipo de invenciones. Comprender la invención como algo que trasciende al arte y a la literatura nos lleva a reubicar estas manifestaciones culturales y a estudiarlas dentro de un paradigma cultural intersubjetivo en el que coexisten con otros discursos que también se construyen a partir de nuestras facultades imaginativas. Desde este enfoque, es más fácil entender el constante contacto y contaminación entre productos culturales distintos. La consciencia de esta retroalimentación natural entre discursos nos invita a proponer una reconsideración de lo literario que implique ampliar y flexibilizar los márgenes de lo que describimos como literatura y construir, sobre este hecho, una teoría más inclusiva y tolerante con manifestaciones textuales que, hasta ahora, por no encajar en los cánones clásicos y en las presunciones tradicionales sobre la ficción y sobre lo literario, no han sido extensamente atendidas desde los estudios artísticos. Entre los tipos de textos afectados por estas presunciones tradicionales se encuentran, por ejemplo, las novelas de la no-ficción, los textos de corte autobiográfico, el ensayo, los textos periodísticos, los discursos políticos, el guión cinematográfico o videolúdico, los monólogos de *stand up comedy*...

Ahora bien, es necesario aclarar que nuestra propuesta de definición de la invención literaria, fundamentada en las conclusiones empíricas de estudios sobre cognición humana, no pretende anular o desmerecer otras aproximaciones al estudio del arte y de la literatura, sino enriquecerlas y redimensionarlas. El trabajo de Poética tradicional y de la moderna Teoría de la Literatura, a lo largo de los siglos, nos ha explicado la producción literaria a través de análisis cada vez más sofisticados, a veces, apoyados en otras disciplinas, como la lingüística o la psicología. Además, ha ordenado y categorizado las obras literarias en modelos con alta funcionalidad, a pesar de que de ellos hayan podido surgir ciertas contradicciones o incompatibilidades que han suscitado debates.

En lo que respecta al estudio de la ficción literaria, las diferentes teorías que surgen durante los siglos XX y XXI en el seno de la Poética moderna se alejan cada vez más de los presupuestos y asunciones tradicionales y, aunque no logran librarse de la antigua contraposición ficción/realidad del todo, sí son conscientes, todas ellas, de la necesidad de negar contundentemente que la invención literaria pueda entenderse como un tipo de engaño. De hecho, de forma natural, algunas de estas aplicaciones teóricas que ya atienden al hecho literario dentro del proceso comunicativo empiezan a hablar de la necesidad de adoptar un enfoque pragmático para el estudio de la ficción literaria. Este enfoque permite considerar el proceso de producción y de recepción del texto, que es, precisamente, lo que hace Tomás Albaladejo[210] cuando construye su aplicación teórica sobre el modelo de análisis lingüístico de la TeSWeST, de János S. Petőfi[211]. Asimismo, dentro de las teorías semántico-creacionistas y semántico-miméticas, aproximaciones como las de

---

210 Véase Tomás Albaladejo, *Teoría de los mundos posibles y macroestructura narrativa* (Alicante: Universidad de Alicante, 1986); Tomás Albaladejo, 'The Pragmatics in János S. Petőfi's Text Theory and the Cultural Rhetoric: The Extensional-Semantic Code and the Literature of the Spanish Golden Age', en Margarita Borreguero Zuloaga y Luciano Vitacolonna, eds, *The Legacy of Janos S. Petőfi: Text Linguistics, Literary Theory and Semiotics*, (Newcastle upon Tyne, Cambridge Scholars, 2019), 92–109.

211 Véase János Sandor Petőfi y Antonio García Berrio, eds, *Lingüística del texto y crítica literaria* (Madrid: Comunicación, 1978).

Thomas G. Pavel[212], por ejemplo, ya cuestionan la contraposición ficción/realidad cuando observan que ciertos individuos entienden como reales objetos y eventos que otros reconocen como ficcionales o cuando –como en el caso de Auerbach[213]– notifican que la concepción de lo real cambia dependiendo del individuo o del conjunto de individuos que la observen.

Nuestras conclusiones, que están en la línea de las propuestas pragmático-constructivistas, pueden resultar interesantes para optimizar la funcionalidad de modelos teóricos que ya contemplan el estudio del texto literario como parte de un proceso comunicativo que se establece entre un productor y un receptor y, asimismo, para ahondar, desde otro punto de vista, en la idea de que no existen unos límites claros entre lo que consideramos como real y lo que entendemos como ficcional.

Encauzar un estudio teórico de la ficción literaria con una aproximación interdisciplinar en ningún caso debilita, perjudica o compromete el saber humanístico, como algunas voces han afirmado, ni mucho menos anula las posibilidades de la actual Poética moderna. Al contrario, pensamos que las enriquece. Estudiar la invención literaria con el apoyo de los resultados empíricos de los Estudios Cognitivos –en los que ya cooperan diversas disciplinas como la neurociencia, la biología, la psicología…– puede romper viejas ataduras, abrir nuevas puertas y aportar un nuevo tipo de respuestas estables y funcionales desde las que proponer una visión de la literatura mucho más abierta, inclusiva y representativa, a la que hasta el momento no era posible llegar debido las constricciones suponen ciertas asunciones culturales tradicionales, como es, principalmente y entre otras, la oposición implícita ficción/realidad.

Reconsiderar la representación literaria

Cambiar la manera de estudiar el arte y la literatura y dejar comenzar a considerar las operaciones cognitivas que tienen lugar en el productor y en el receptor para que a través del objeto literario se establezca una relación comunicativa implica reconsiderar otros conceptos tradicionales, además del de ficción. Por ejemplo, los actuales estudios sobre poética

---

212 Thomas G. Pavel, 'Las fronteras de la ficción', en Antonio Garrido Domínguez, comp., Eugenio Contreras, trad., *Teorías de la ficción literaria* (Madrid: Arco/Libros, 1997), 171.

213 Auerbach, *Mímesis*, 21.

definen la representación artística como la sustitución de una realidad por un representante. Se da por supuesto que en esta sustitución debe existir una coherencia que implique la correspondencia entre los objetos representados y el representante o la construcción lingüístico-textual que es lo que conforma la representación. Es esa correspondencia la que asegura que el receptor pueda reconocer, a través de la representación, el objeto representado[214].

Ahora bien, el problema de entender de este modo la representación es que estamos centrándonos, todo el tiempo, en el *qué* se representa –en el objeto que se representa– y obviamos el *cómo* se representa, que es el proceso por el cual se representa el objeto. Este hecho, como ocurre con la dualidad ficción/realidad, es una consecuencia de haber definido la construcción de discursos a través de la adopción de los puntos de vista y las conclusiones de autores previos que se centran en el análisis de los objetos culturales y obvian la importancia de los procesos cognitivos que dan lugar a ellos. Hemos pensado, tradicionalmente, que lo que codificamos en un texto sustituye al evento u objeto que tiene una materialidad física en nuestro entorno externo o interno o a una invención mental inexistente por no tener correspondencia con nada de nuestro entorno material. Por ejemplo, si yo escribo un mensaje de texto a mi hermano en el que le digo 'te he dejado la nota sobre la mesa', esa construcción textual sustituye –representa– al evento que he realizado y a los objetos –la nota, la mesa– que forman parte de él[215].

No obstante, aproximarnos a este asunto desde los Estudios Cognitivos nos invita a repensar el concepto de representación. Marco Caracciolo dedica su obra *The Experientiality of Narrative*[216] [*La experiencialidad de*

---

214 Tomás Albaladejo, 'Mijail Bajtín: Poética / política y novela / sociedad. El problema de la representación', en Bénédicte Vauthier y Pedro M. Cátedra, eds, *Mijail Bajtín en la encrucijada de la Hermenéutica y las Ciencias Humanas* (Salamanca: Semyr, 2003), 1–3.

215 Este concepto de representación es heredero de la concepción de que sólo existe aquello que tiene materialidad en el entorno (qué es lo que se representa) y obvia por completo los procesos mentales intangibles que el ser humano experimenta cuando interacciona con el objeto material representado que, ya sabemos, condicionan por completo su forma de observar el objeto. No es de extrañar que diferentes corrientes teórico-literarias hayan establecido debates al respecto de si los textos tradicionalmente considerados como ficcionales poseían o no un referente que representar.

216 Marco Caracciolo, *The Experientiality of Narrative. An Enactivist Approach* (Berlin/ Boston: De Gruyter, 2014).

la narrativa] al tratamiento de esta misma cuestión y propone un modelo teórico con el que trata de adaptar la investigación literaria al marco teórico del enactivismo, que opera dentro de las Ciencias Cognitivas. Desde este enfoque enactivo, se apoya en la investigación empírica en psicolingüística y en psicología cognitiva. Caracciolo propone reconsiderar el concepto de representación, tal cual ha sido usado por los estudios en estética, crítica literaria y teoría narrativa porque, según el autor, está construido sobre un esquema basado en el objeto –que, en teoría, se representa– y no considera la experiencia sobre el objeto que se representa. Esto significa que el tradicional concepto de representación contempla lo que se representa y no el cómo se percibe lo que se representa[217] .

Caracciolo explica que, en sí, la experiencia sobre cualquier objeto es irreductiblemente rica y compleja: 'It is layered and multidimensional and yet somehow gives rise to a feeling that is like an undivided whole'[218] [Tiene muchas capas y es multidimensional, pero de algún modo produce la sensación de que es como un todo no dividido]. Esta explicación sobre la experiencia está en consonancia con la descripción que la neurociencia ofrece sobre el intrincado funcionamiento de las *imágenes* mentales: hemos hablado de que nuestras experiencias mentales, sean de carácter visual, auditivo, gustativo, emocional... y de que pueden interrelacionarse de infinitas formas e integrarse en secuencias de narrativas de *imágenes* que funcionan como ese todo indivisible que menciona Caracciolo. Por esto decíamos antes que la creación de cualquier *imagen* está condicionada por el conjunto general de *imágenes* almacenadas e interrelacionadas –solapadas de forma multidimensional– entre sí. Este conjunto es lo que Caracciolo llama '*background* experiencial'[219].

Caracciolo explica en su obra que el término representación también se ha utilizado en Ciencias Cognitivas –en el sentido de representación mental– sobre un esquema que considera el objeto que se representa –el qué se representa– y que ha obviado la experiencia sobre el objeto representado: el cómo se ha representado ese objeto. Se ha comprendido muchas veces que la representación mental de un objeto es un estado físico del cerebro que reproduce el objeto y lo sustituye. No obstante, el autor nos invita a reflexionar sobre la importancia de considerar no sólo

217 Caracciolo, *The Experientiality of Narrative*, 30.
218 Caracciolo, *The Experientiality of Narrative*, 34.
219 Caracciolo, *The Experientiality of Narrative*, 49.

la reproducción del objeto, sino también el papel que juega la experiencia en ese proceso de reproducción o sustitución[220].

> Note that this argument does not commit me to the view that mental representations do not exist–it only entails that experiences are not *just* mental representations. The enactivists provide good reasons to think that basic, pre-conceptual experience is not representational[221].

> [Nótese que este argumento no me compromete con la idea de que las representaciones mentales no existen, sólo implica que las experiencias no son sólo representaciones mentales. Los enactivistas ofrecen buenas razones para pensar que la experiencia básica preconceptual no es representacional].

Vamos a poner un ejemplo. Estamos sentados al lado de una mesa y, en ella, alguien ha dejado una maceta con un cactus plantado, cerca de nosotros. En nuestro regazo está sentada nuestra sobrina, que tiene poco más de un año. El cactus es un objeto, pero nuestra experiencia sobre él y la de nuestra sobrina difieren completamente, porque están condicionadas, ambas, por el *background* de experiencias pasadas que cada una de nosotras almacena. A lo largo de nuestra vida, hemos acumulado experiencia interaccionando con esta planta: sabemos que tocarla va a provocarnos unas narrativas de *imágenes* desagradables con un alto contenido emocional que perjudica nuestro bienestar, bien porque las hemos experimentado, bien porque otras personas nos las han transmitido a través del lenguaje. Sin embargo, nuestra sobrina no elabora una representación mental del objeto como la nuestra porque no está condicionada con las mismas experiencias con la planta. Nunca se ha pinchado con ella y no es capaz de comunicarse, por lo que no es de extrañar que intente una y otra vez alargar el brazo para tocarla.

Si no podemos entender nuestra forma de percibir el mundo sin tener en cuenta nuestras experiencias previas sobre él, tampoco podemos comprender nuestro compromiso con las historias sólo en términos representativos, sin considerar el factor inherentemente experiencial. Para solventar esto, Caracciolo sugiere –apoyándose en Ludwig Wittgenstein[222]– considerar el término expresión junto con el de representación

---

220 Caracciolo, *The Experientiality of Narrative*, 34-35.

221 *Ibid.*

222 Ludwig Wittgenstein, *Last Writings on the Philosophy of Psychology*, eds G.H von Wright y Heikki Nyman, trad. C. G. Luckhardt y Maximilian A. E. Aue (Oxford: Basil Blackwell, 1982), 43e.

para referirnos, según entendemos desde la neurociencia, a la codificación en un lenguaje de nuestras narrativas de *imágenes* mentales. Esto nos haría tener en cuenta la experiencia del sujeto sobre el objeto –y no sólo el objeto– y evitar considerar esta misma experiencia como una cosa, como un objeto. De acuerdo con Caracciolo, 'unlike representation, which works by referring to a self-contained object, expression is deeply embedded in the context in which an experience occurs'[223] [A diferencia de la representación, que funciona refiriendo a un objeto independiente, la expresión está profundamente arraigada en el contexto en el que se produce la experiencia]. Por ejemplo, un objeto pesado cae sobre nuestro pie, experimentamos dolor y eso puede provocar que gritemos. Conviene llamar 'expresión' a ese grito y no considerarlo una representación del dolor, porque es una forma de reacción a una experiencia que no puede ser comprendida fuera de su contexto. La experiencia, por tanto, no reside en el objeto que se busca representar, sino en su interacción con el sistema nervioso de nuestros organismos.

El concepto de expresión considera no sólo la experiencia del sujeto que expresa –productor–, sino también la del sujeto que interpreta la expresión –receptor– y las entiende como dos realidades ligadas: la expresión permite que el receptor, a través de su propio *background* experiencial –de sus narrativas de *imágenes* almacenadas– pueda aproximarse a la experiencia del sujeto productor. De hecho, como las experiencias van necesariamente ligadas a un contexto, puede ocurrir que una experiencia puede no resultar expresiva para una persona para la que sus implicaciones contextuales no sean experiencialmente familiares[224]. Esto se aplica a las expresiones lingüísticas que se construyen sobre una experiencia individual: sólo podemos entender los relatos de situaciones que codifican narrativas de *imágenes* sobre objetos y eventos con los que hemos tenido algún tipo de experiencia interactiva previa. Esto explica, por ejemplo, por qué nos resulta imposible imaginar experiencias que nunca hemos podido experimentar, como la ceguera o la afantasía. Por tanto, la experiencia que tiene un lector al interpretar un relato no se debe en sí a las palabras que el escritor utiliza para describir un objeto, sino a cómo esa descripción le hace recordar las interacciones que ha experimentado con objetos como ese en contextos parecidos.

---

223 Caracciolo, *The Experientiality of Narrative*, 36.

224 Caracciolo, *The Experientiality of Narrative*, 36-37.

Decíamos anteriormente que nuestra capacidad comunicativa –que, aunque en seres humanos alcanza realizaciones complejas, es rastreable hasta en el funcionamiento de elementos tan simples como las neuronas espejo– nos habilita conectar con otros nuestras experiencias interiores. Comentábamos que establecer un proceso comunicativo dependía de que el productor fuera capaz, a través de la invención, de modificar sus propias *imágenes* mentales para codificarlas en lenguaje y que el receptor debía, asimismo, utilizar también los mecanismos de la inventiva para decodificar ese lenguaje y reconstruir, a través de sus *imágenes* almacenadas, aquellas que le transmite el productor. La narración artística, creada por un productor y recibida por otros sujetos, es una actividad plenamente comunicativa, por mucho que, en el caso de la literatura, sea un proceso comunicativo unidireccional en el que el receptor nunca interacciona de vuelta con el productor. El lector, por tanto, decodifica e interpreta el texto a partir de sus propias experiencias y es en este hecho en el que reside el impacto genuino del arte: en la nueva experiencia que siente el receptor cuando interpreta un texto utilizando como base su propio *background* experiencial.

Caracciolo describe esta nueva experiencia que el receptor siente al interpretar un texto artístico desde los fundamentos de la psicología y explica que es resultado de dos mecanismos cognitivos: la atribución de consciencia, que es el reconocimiento de un evento particular referido en un relato a través de la experiencia, y la enacción de la consciencia. El autor describe la enacción de la consciencia como un mecanismo más sofisticado que consiste en empatizar con la experiencia que atribuimos a un protagonista a través de una simulación mental. Estos dos mecanismos favorecen el compromiso del lector con la narración y, gracias a ellos, el lector consigue encontrar sentido en las experiencias de los personajes cuando las reconoce en sus propias experiencias almacenadas. Ahora bien, entendiendo la representación textual como una sustitución del objeto al que se refiere al texto, nunca vamos a poder explicar el efecto o el impacto que ocasiona experiencialmente en el lector. Bajo esta perspectiva, sería más apropiado, por ejemplo, decir que un texto refiere un evento que implica una experiencia, que decir que una experiencia está representada en un texto[225]. Por tanto, desde un enfoque enactivo

[225] Caracciolo, *The Experientiality of Narrative*, 41.

Caracciolo considera que, en contextos lingüísticos, el ejercicio de representación y el de expresión están ligados y son interdependientes.

Para provocar estas respuestas experienciales, construimos los textos utilizando una serie de mecanismos que estimulan el desencadenar ciertas *imágenes* emocionales a partir de la activación de información recordada que compone el *background* experiencial: los dispositivos expresivos[226]. Los recursos estilísticos y representativos –recursos expresivos– de carácter lingüístico son muy efectivos a la hora de provocar respuestas en los receptores y de hacerles conectar con determinados puntos de su *background* experiencial. A través de ellos, el lector traza un compromiso con el texto desde una experiencia emocional, muchas veces construida sobre un tipo de interacción con el mundo que el lector ha tenido previamente de forma personal y que es prelingüística y no proposicional, es decir, que se constituye en forma de narrativas de *imágenes* mentales. Esto significa que los mismos dispositivos expresivos pueden desatar diferentes reacciones en distintos lectores y de diversas intensidades, dependiendo del *background* del receptor en cuestión. Estos dispositivos expresivos pueden operar en diferentes niveles: en el de la historia –algunos eventos que forman parte de una narración pueden desatar más fácilmente respuestas emocionales– o en el nivel del discurso: la opinión de un narrador, la del autor, las elecciones estilísticas, la estructura narrativa, etc.

Pongamos a continuación un ejemplo que, aunque se antoja algo crudo, resulta útil para ilustrar nuestra argumentación. Comparemos estos extractos: uno del poema de Charles Baudelaire, 'Una carroña', y un fragmento de la 'Elegía', de Miguel Hernández.

> Recuerda, alma, el objeto que esta dulce mañana
> de verano hemos contemplado:
> al torcer de un sendero una carroña infame
> en un cauce lleno de guijas,
>
> con las piernas al aire, cual lúbrica mujer,
> ardiente y sudando venenos,
> abría descuidada y cínica su vientre
> lleno todo de emanaciones.
>
> Irradiaba sobre esta podredumbre el sol, como
> para cocerla al punto justo

[226] Caracciolo, *The Experientiality of Narrative*, 41-44.

y devolver el céntuplo a la Naturaleza
lo que reunido ella juntaba;

y el cielo contemplaba la osamenta soberbia
lo mismo que una flor abrirse.
Tan fuerte era el hedor que creíste que fueras
sobre la hierba a desmayarte. [227]

Yo quiero ser llorando el hortelano
de la tierra que ocupas y estercolas,
compañero del alma, tan temprano.

Alimentando lluvias, caracolas
y órganos mi dolor sin instrumento.
a las desalentadas amapolas

daré tu corazón por alimento.
Tanto dolor se agrupa en mi costado,
que por doler me duele hasta el aliento.[228]

Ambos textos refieren a la muerte y ahondan en un aspecto tan escatológico como es el proceso de descomposición de un organismo. Sin embargo, la experiencia lectora es distinta porque las respuestas emocionales que sufrimos lo son. En ambos casos se representa a través del lenguaje un objeto muy parecido, pero los recursos expresivos que se utilizan cambian la experiencia de la lectura. En el caso de Baudelaire, el uso del lenguaje nos aproxima a unas experiencias no proposicionales –es decir, a unas *imágenes* mentales– muy explícitas sobre los procedimientos de autólisis y putrefacción tras la muerte, que tienden a desatarnos reacciones emocionales emparentadas con sensaciones de aprensión que provocan naturalmente los procesos de la descomposición de un cadáver. Que el texto de Baudelaire impacte en esa dirección sentimental concreta y el de Hernández no, no depende del objeto que se representa, que en este caso es muy similar, sino de la expresión que se articula a través de los recursos estilísticos. Es esta expresión la que motiva que evoquemos unas u otras *imágenes* mentales no proposicionales, que parten de nuestro *background*

---

227 Charles Baudelaire, *Las flores del mal*, ed. Alain Verjat y Luis Martínez de Merlo, trad. Luis Martínez de Merlo (Madrid: Cátedra, 2021), 163.

228 Miguel Hernández, 'Elegía', *Obra completa* 1, ed. Agustín Sánchez Vidal, José Carlos Rovira y Carmen Alemany (Madrid: Espasa-Calpe, 1992), 509–510.

de experiencias con el objeto representado. Nuestras respuestas al texto, por tanto, no son representacionales porque nuestro rechazo hacia la podredumbre no es proposicional, sino experiencial. Estamos, por tanto, ante un objeto cultural lingüístico que impacta intencionalmente sobre los receptores para desatar un tipo de imagen mental en concreto.

Este desarrollo sobre el concepto de representación nos lleva, nuevamente, a insistir en que es necesario comprender la experiencia lectora como un acto creativo. Cuando un receptor decodifica e interpreta un texto de cualquier tipo, la experiencia que obtiene es el resultado de la activación y de la modificación de ciertas narrativas de *imágenes* que se encuentran solapadas multidimensionalmente y que, en su conjunto, podemos llamarlas *background* experiencial. En tanto en cuanto cada lector posee su propio *background* experiencial, cada interpretación será única y particular y esto implica que cada lector tendrá una experiencia diferente sobre el texto, aunque convergente, en algunos puntos, con las de otros lectores, ya que para que el texto sea comprensible tiene que contener expresiones con implicaciones familiares para el receptor. Así pues, aunque es imposible prever que experimentará o no el receptor de un texto, sí podemos gestionar o planificar los recursos que se utilizarán para desencadenar unas experiencias mentales de un perfil en concreto.

En definitiva, dejar de adoptar los puntos de vista tradicionales e intuitivos, centrados en la descripción del objeto artístico para describir qué es la literatura y empezar a considerar a través de las Ciencias Cognitivas el proceso de producción y de recepción de los textos implica, no sólo redefinir conceptos como el de ficción, sino también otros como el de representación, cuya comprensión clásica no se ajusta al funcionamiento de las operaciones cognitivas que empleamos para producir y consumir literatura. Nuestro enfoque neurocognitivo y el enfoque psicológico de Caracciolo son perfectamente compatibles y complementarios y ambos nos empujan a un cambio de perspectiva en el estudio de los textos artículos que implique la reconsideración y revalorización de la experiencia humana en el proceso de comunicación del objeto literario.

Narración más allá del arte y de la literatura

Junto con el concepto de ficción y el de representación, existe otro concepto –no menos controvertido y debatido que los anteriores– que es necesario revisitar a la luz del conocimiento que nos proporcionan las

Ciencias Cognitivas. Hablamos, en concreto, del concepto de narración. Hasta ahora, la teoría ha utilizado el concepto de narración para referir el relato en el que se cuentan hechos imaginarios –que hasta el momento se han considerado como ficticios y excluyentes de la realidad– o acontecidos realmente. Aunque el concepto de narración se emplea en la disciplina periodística y en la histórica para este último propósito, lo cierto es que ha sido el campo de la Teoría literaria el que más lo ha estudiado, definido y reconfigurado atendiendo a la emergencia de nuevas necesidades.

Por ejemplo, teóricos como Gérard Genette han elaborado algunas de las definiciones del término más paradigmáticas, consolidadas y aceptadas por la comunidad teórico-literaria[229]. Sin embargo, la emergencia de otros discursos con un potencial similar al de la literatura para relatar hechos –como el videolúdico o el cinematográfico– ha planteado la necesidad de ampliar y reconfigurar los horizontes de este concepto para alargar su cobertura a otras manifestaciones artísticas con un evidente potencial narrativo. Por ello, teóricos como Marie-Laure Ryan[230] ya proponen en su obra reformulaciones que abren el espectro de acción del término y posibilitan su aplicación a más ámbitos además del literario.

No obstante, pese a estas ampliaciones, el concepto de narración siempre se ha restringido a productos discursivos muy precisos –la novela, el teatro, el largometraje, el documental, la noticia, la crónica…– y, por ejemplo, en el ámbito de lo artístico y lo literario no se ha relacionado el término con otras formas discursivas como la poesía lírica, la pintura o la música, quizás porque hasta ahora se ha pensado que estos productos no estaban diseñados para 'contar, referir lo sucedido, o un hecho, o una historia ficticios'[231].

Resulta, cuando menos, dudosa la supuesta falta de narratividad de la música, cuando, actualmente, es un elemento indispensable para productos audiovisuales que sí consideramos plenamente narrativos, como el cine o los videojuegos[232], así como que una obra pictórica no pueda

---

229 Véase Gérard Genette, *Figuras III*, trad. Carlos Manzano (Barcelona: Lumen, 1989).

230 Marie- Laure Ryan, *Avatars of Story* (Minneapolis: University of Minnesota Press, 2006).

231 'Narrar', *Diccionario de la Real Academia Española*. https://dle.rae.es/narrar.

232 Pensamos, por ejemplo, en la configuración de las bandas sonoras en las que se componen ciertos temas en torno a elementos narrativos que aparecen en la historia del film: personajes, lugares, objetos. Podemos encontrar una explicación muy extensa e ilustrativa en algunos vídeos de Jaime Altozano, divulgador de teoría musical. Entre ellos, encontramos, por ejemplo, tres vídeos dedicados al análisis de la banda

contar una historia: podríamos mencionar aquí los múltiples cuadros pintados con el interés de fijar un acontecimiento histórico, es decir, una serie de eventos ocurridos, protagonizados por personajes. En este sentido, también es reseñable el arte catedralicio, construido para instruir a los fieles analfabetos en los relatos bíblicos. Pero, sobre todo, resulta cuestionable que la Teoría de la Literatura haya considerado, desde las primeras poéticas hasta la consolidación de esta idea, por parte de Hegel, en la teoría de géneros decimonónica, que la lírica es una expresión de los sentimientos del autor y que, por tanto, no tiene ningún carácter narrativo. Decimos que es especialmente cuestionable porque una expresión sentimental, creada y articulada verbalmente –y, por tanto, ordenada en secuencias de información– sigue pudiendo ser considerada un relato, en este caso de un estado emocional interno.

Bajo un punto de vista neurocognitivo, podríamos decir que una composición lírica que expresara sentimientos o sensaciones internas del autor codificaría y, por tanto, comunicaría a través del lenguaje un conjunto de *imágenes* internas de alto calado emocional, las cuales podrían haberse desencadenado a partir de la percepción de eventos u objetos internos o externos al organismo. De hecho, hemos explicado en anteriores apartados las emociones como eventos que ocurren dentro de nuestro organismo y que surgen a partir de la interacción con ciertos componentes interiores o exteriores al cuerpo. Hoy sabemos que, a diferencia de lo que explicaban los autores decimonónicos, existen composiciones líricas que no necesariamente tienen por qué transmitir información sobre estados emocionales. No obstante, aunque quisiéramos considerar, tal y

---

sonora, compuesta por Howard Shore, de la trilogía cinematográfica *El señor de los anillos*, dirigida por Peter Jackson. Comenta, por ejemplo, entre múltiples cuestiones, cómo la secuencia de notas 're-do-re' aparece a lo largo del film siempre referida a la comunidad del anillo y describe la circularidad que supone el viaje de ida y vuelta que tienen que realizar los personajes para cumplir con la misión que se les asigna. Este mismo tema integra, posteriormente, nueve notas que se corresponden, según Altozano, con los nueve personajes principales que forman la comunidad del anillo. Explica el divulgador con detalle que las múltiples particularidades musicales –escalas, tonalidades– y variaciones que acompañan el producto audiovisual contienen valores narrativos y, por supuesto, son indispensables para el resultado final que recibe el espectador. Por tanto, no entenderíamos el film del mismo modo si prescindimos de su música porque la narración no desataría las mismas emociones en nosotros. Véase Jaime Altozano 'El Señor de los Anillos – Análisis de la Banda Sonora (Comunidad)' [vídeo], YouTube (subido 3 de may. 2017), https://www.youtube.com/watch?v=y5LLHZf9ebU.

como se hizo a partir de la obra de Hegel en el siglo XIX, que la lírica expresa siempre el sentir del autor, sin duda hoy podemos considerar narrativo este hecho si lo observamos a través de las Ciencias Cognitivas.

La neurociencia nos invita a dejar de considerar de una forma intuitiva la expresión emocional del yo, que hasta ahora las Humanidades han vinculado con el alma del poeta. Somos ya conscientes de que las emociones no son más que una parte de los eventos que tienen lugar en el interior de nuestro organismo, en relación con nuestro sistema nervioso. Se trata de *imágenes* o experiencias mentales que surgen como respuesta a otras *imágenes* mentales encadenadas que pueden partir de la percepción de los entornos, de la modificación de otras *imágenes*… Al igual que codificamos y relatamos las experiencias mentales que generamos a partir de la percepción sensorial del entorno externo, podemos codificar en lenguajes y relatar aquellas *imágenes* internas pertenecientes a sentimientos o emociones. De hecho, cuando acudimos a un médico o a un psicólogo y éste nos pregunta por el motivo de nuestra consulta, elaboramos una narración hilada sobre sensaciones y sentimientos que, en ese momento, sí estamos considerando como eventos que tienen lugar en nuestro interior y que, muchas veces, relatamos como respuesta al imperativo de 'cuéntame qué te pasa', que bien podríamos traducir por 'cuéntame, relátame o nárrame cómo te sientes'.

La pregunta es, entonces: ¿qué discursos son narrativos y cuáles carecen de narratividad? Si cuestionamos el concepto de narración tradicional[233] y observamos desde una perspectiva biológica y neurológica qué implica para los seres humanos contar una historia, podemos inferir que todos los discursos son narrativos. La narración, al igual que la ficción, no es una característica natural de ningún discurso –artístico o no– y ni siquiera es una característica intrínseca a un tipo de lenguaje humano,

233 Existen ya voces que consideran el concepto de 'narración' fuera de su uso tradicional, restringido al ámbito literario y en los que, por ejemplo, se evalúa la forma de relatar y exponer la *realidad* de determinados movimientos socio-políticos. Véase Pablo Valdivia Martín, 'Narrating crisis and populism in Southern Europe: Regimes of metaphor', *Journal of European Studies* 49/3-4 (2019). doi: https://doi.org/10.1007/978-3-030-36415-1_6 y Pablo Valdivia Martín, 'Cultural Narratives of Crisis and Populism in Spain: Metaphor, Nation-branding and Social Change', en M. Boletsi, J. Houwen y L. Minaard, eds, *Languages of Resistance, Transformation and Futurity in Mediterranean Crisis-Scapes: From Crisis to Critique* (Palgrave Studies in Globalization: Culture and Society, Palgrave Mcmillan, 2020), 101–117. doi: https://doi.org/10.1007/978-3-030-36415-1_6.

verbal o no verbal. Cualquier herramienta cultural que permita al ser humano comunicar sus experiencias internas a otros seres humanos está, necesariamente, articulada en lo que entendemos como narración o relato porque nuestra manera de interrelacionar y conectar las *imágenes* mentales con secuencialidad se corresponde con lo que entendemos como narración. Ya sabemos que las múltiples unidades de significado –*imágenes* mentales– constituidas en torno a información relativa a eventos y objetos internos y externos se encadenan y, de forma conjunta, generan significados más complejos e interrelacionados que fluyen y se desvanecen para dar paso a las siguientes interconexiones de unidades.

Narrativos son, por tanto, los mecanismos cognitivos que nos permiten encadenar y cohesionar nuestras experiencias mentales con éxito para interaccionar productivamente con el entorno exterior e interior a nuestro cuerpo. De ahí que Damasio entienda llame narrativas de *imágenes* al resultado encadenamiento de experiencias mentales. Todo esto significa que nuestra forma de entender el mundo es de base narrativa, lo cual implica que nuestras habilidades comunicativas también lo sean y que en los productos culturales que creamos como resultado sea rastreable esta forma narrativa de volcar la información.

Aunque Boyd no utiliza el término 'narrativa', sí se detiene a explicar que el ser humano ordena y organiza los estímulos que percibe y sus respuestas a esos estímulos en patrones –*patterns*– de información[234]. Según el autor, entendemos el mundo a través de estos patrones y los utilizamos también para expresar nuestra visión sobre él. Estos patrones son nuestra forma de ordenar la información caótica y carente de significado que percibimos y nos ayudan a comprender cómo se comportan los objetos y eventos que acontecen en nuestros entornos y a ser capaces de anticipar y prever qué va a ocurrir después. La definición de estos patrones de los que habla Boyd se corresponde con la definición que venimos dando para el concepto de narrativa desde una perspectiva neurocognitiva: refieren al modo en el que, naturalmente, encadenamos y cohesionamos las *imágenes* mentales que experimentamos y a la forma en la que las comunicamos codificándolas en distintos lenguajes. El arte, dice Boyd, juega con esos patrones a la hora de presentar la información y, con ese juego, sorprende al espectador: lo desautomatiza, como diría la Teoría literaria, para que no tenga la facilidad de intuir qué viene después.

---

[234] Boyd, *On the Origin of Stories*, 87–92.

Una vez más, una aproximación neurocognitiva al estudio del arte y de la literatura nos permite perfilar y ampliar conceptos esenciales, cuyas definiciones han necesitado ser reconsideradas a lo largo de la tradición porque con la aparición de nuevas realidades culturales generaban contradicciones y desajustes. Narramos cuando generamos literatura, narramos cuando escribimos una noticia, narramos cuando contamos nuestras vacaciones en Grecia y cuando describimos el terrible dolor de estómago que estamos sufriendo. Narramos cada vez que nos expresamos porque nuestra manera percibir lo que nos rodea e interpretarlo es esencialmente narrativa. Nuestra forma de pensar es de base narrativa.

CAPÍTULO DOS

Aproximarnos a los discursos desde las Ciencias Cognitivas

Producir y percibir la intención de impacto de un discurso

Explicar la producción y recepción de objetos culturales desde los Estudios Cognitivos nos facilita entender que cualquier discurso está inserto en un esquema comunicativo del que participan uno o varios productores y receptores. La producción de cualquier obra cultural es, bajo esta perspectiva, un intercambio comunicativo mediante el que se pretende expresar, codificadas en un lenguaje, un conjunto de experiencias mentales a través de una selección intencional de recursos estilísticos y expresivos que ayudan a provocar un determinado impacto en la experiencia de los receptores. Este impacto puede condicionar sus conductas y su forma de interaccionar con los entornos.

Para que el impacto planeado sea plenamente efectivo se necesita que los receptores del discurso dispongan sistemas cognitivos homólogos que les permitan experimentar una percepción de los entornos externos e internos similar a la del productor. Asimismo, estos receptores han de poseer el conocimiento cultural necesario para decodificar el lenguaje que se ha utilizado para transmitir estas *imágenes* mentales. De hecho, cuanto más tenga en común el receptor con las experiencias descritas por el productor, más potencialmente efectivo será el impacto que el discurso ejerce sobre la persona que lo consume. En cambio, cuantas menos convergencias haya entre las experiencias relatadas y las vividas por el receptor, menos potencialmente efectivo será ese impacto planeado.

Por ejemplo, cuando leemos en la actualidad un tratado del siglo XVII como *Curiosa y oculta filosofía*, de Juan Eusebio Nieremberg, ya no interpretamos el texto como una fiel descripción del funcionamiento natural de nuestro planeta, como sí lo hicieron los lectores coetáneos al autor. Nieremberg decía, por ejemplo, que la Tierra era hueca por dentro para que en ella cupiera el Infierno[235]. Estas ideas de Nieremberg ya no son informativas para los lectores actuales y han perdido su función original. Los mecanismos cognitivos creativos hicieron interpretar a Nieremberg la realidad bajo un prisma que ya no resulta útil para describir el entorno y esto provoca que el impacto del texto ya no amplíe el conocimiento del receptor sobre el entorno que le rodea. No obstante, en su contexto de producción nadie hubiera cuestionado que las descripciones del autor parten de una fiel observación de la materialidad física del entorno. Aunque hoy nos apoyamos en el empirismo y en la comprobación para definir nuestro mundo, ¿quién sabe si dentro de unos años nuestra forma de inventar nos hará ver la realidad a través de un prisma en el que ya no quepan las actuales hipótesis de la física cuántica sobre el funcionamiento del universo?

Por tanto, valorar un objeto cultural –una película, una novela, un manifiesto, un documental…– a través de conclusiones intuitivas basadas en argumentos de autoridad y obviando el contexto comunicativo en el que se inserta y las capacidades de quienes participan de esa comunicación produce resultados poco funcionales que generan debates infinitos: ¿es verdad o mentira el texto de Nieremberg? ¿Tiene referente el texto de Nieremberg? ¿En qué género exacto debemos catalogarlo, dado que cuenta cosas que no son verdad? Nunca vamos a responder satisfactoriamente estas preguntas desde los prejuicios intuitivos tradicionales que, por ejemplo, consideran la ficción como un concepto excluyente del de realidad, que entienden la representación como la simple sustitución de un objeto o que explican la narración como una propiedad discursiva.

---

[235] Dice Nieremberg: 'Lo que tambien certificara mucho nueſtra ſentẽcia es; que lo mas hondo, y como el coraçon de la tierra, es de igual naturaleza, y vigor con la piedra Iman, y aſsi eſtà fixada por ſus Polos derecha a los Polos del mundo por ſu miſmo exe, de la manera que ſi dieramos deſembaraçado el centro del mundo por donde atrauieſla, y dexaramos caer vna piedra Iman, ella ſe fuera alli, y endereza ſus Polos a los del vniuerſo, no de otra manera que ahora eſtà la tierra. Eſto ſe entiende ſino huuiera en medio el embaraço de la carcel de la diuina juſticia, y mazmorra de los condenados, que no queremos excluir de ſu aſsiento por dezir, que las entrañas de la tierra ſon de Iman'. Véase Juan Eusebio Nieremberg, 'Cap XXIII. Si el coraçon de la tierra es piedra Iman. Deſcubrenſe ſecretos muy articulares…', en *Libro qvinto, de la piedra iman, como no atrae al hierro, ni mira a los Polos del mundo, ni otra Eſtrella*, en *Cvriosa y ocvlta filosofia. Primera, y segunda parte de las marauillas de la Naturaleza, examinadas en varias queſtiones naturales* (Alcalá: Imprenta de María Fernández, 1649), 118.

Todas estas ideas no representan las operaciones cognitivas que seguimos para crear y recibir cultura. Resulta limitante valorar un objeto artístico sin entender que es el resultado de un proceso comunicativo del que participa la experiencia humana y, como ya hemos visto, considerar esa experiencia humana depende de comprender la forma en la que nos aproximamos cognitivamente al mundo.

El análisis de lo que denominamos 'intención de impacto' podría ser una nueva forma de explicar los productos culturales sin caer en este tipo de asunciones tradicionales y considerando, en todo momento, las posibilidades cognitivas del productor y del receptor. La psicología tradicional[236] ha prestado especial atención al concepto de intención. Lo han hecho, especialmente, aquellas teorías centradas en explicar cómo los seres humanos nos esforzamos para alcanzar los objetivos que fijamos. Estas teorías describen la intención como un hecho previo determinante para que se dé una acción o comportamiento dirigido a alcanzar un objetivo[237]. Las intenciones y los deseos son estados mentales representacionales que expresan una actitud hacia un contenido que es objeto de deseo o de pretensión[238]. Que estas intenciones sean satisfechas o no depende de que se produzcan una serie de cambios en el entorno relevantes para estas pretensiones.

La psicología tradicional encuentra diferencias entre las intenciones y los deseos y una de las principales es el contenido sobre el que se construyen[239]. Mientras que el contenido de los deseos está basado en resultados que se pretende conseguir, el de las intenciones se basa en las acciones que

---

236 Véase Albert Bandura, 'Self-regulation of motivation through anticipatory and self-reactive mechanisms', en Richard A. Dienstbier, eds, *Nebraska Symposium on Motivation: Perspectives on motivation* (Lincoln: University of Nebraska Press, 1991); Icek Azjen y Martin Fishbein, *Understanding attitudes and predicting social behavior* (Englewood Cliffs, N.J: Prentice-Hall, 1980) y Edwin Locke y Gary P. Latham, *A theory of goal setting and task performance* (Englewood Cliffs, NJ: Prentice-Hall, 1990).

237 Peter M. Gollwitzer et al., 'The control of the Unwanted', en Ran R. Hassin, James S. Uleman y John A. Bargh, eds, *The New Unconscious* (New York: Oxford University Press, 2005), 487.

238 Véase John R. Searle, *Intentionality: An essay in philosophy of mind* (Cambridge, UK: Cambridge University Press, 1983).

239 Véase Bertram F. Malle y Joshua Kenobe, 'The distinction between desire and intention: A folk-conceptual analysis', en Bertram F. Malle, Louis J. Moses y Dare A. Baldwin, eds, *Intentions and intentionality. Foundations of social cognition* (Cambridge, MA: MIT Press, 2001).

han de llevarse a cabo para conseguir esos resultados. Esto podría indicar que el razonamiento encadenado que da lugar a una intención opera de forma distinta al que da lugar a un deseo. Las intenciones dan lugar a conductas y acciones que implican una consecuente interacción con el entorno –son comportamientos de salida–, mientras que los deseos representan razonamientos de entrada que no tienen necesariamente que implicar una conducta consecuente[240].

La intención precede, según la psicología, a la conducta. Si uno conoce las intenciones de una persona será, con probabilidad, capaz de inferir sus futuras acciones consecuentes. Asimismo, las acciones de una persona son una valiosa fuente de información sobre sus intenciones. Sin embargo, las acciones y las intenciones establecen múltiples y complejas relaciones que hacen imposible extraer una intención de un hecho aislado[241]. Las intenciones deben inferirse siempre observando la conducta del sujeto en un contexto espacio-temporal y considerando toda la información psicológica adicional que sea posible[242] sobre el sujeto en cuestión: creencias, ideas, deseos…

Los productos culturales como los textos son el resultado o la consecuencia material de una acción intencional, como lo es cualquier expresión comunicativa. Cuando hablamos diariamente con nuestros semejantes, somos capaces de rastrear –a través de procesos automáticos– la intención implícita subyacente en las palabras, la postura y los gestos de nuestros interlocutores[243] con los que nos comunicamos en un determinado tiempo y contexto. Estos elementos nos hacen capaces de saber que detrás de las palabras corteses de un amigo existe enfado y resentimiento o prever una futura tremenda reprimenda tras una sonrisa determinada de nuestra madre, en un contexto social determinado

240 Jodie A. Baird y Janet W. Astington, 'The Development of the Intention Concept: From the Observable World to the Unobservable Mind', en Ran R. Hassin, James S. Uleman y John A. Bargh, eds, *The New Unconscious* (New York: Oxford University Press, 2005), 256–258.

241 Véase Bertram F. Malle y Louis J. Moses y Dare A. Baldwin, 'The significance of intentionality', en Bertram F. Malle, Louis J. Moses y Dare A. Baldwin, eds, *Intentions and interpersonality. Foundations of social cognition*, (Cambridge, MA: MIT Press, 2001), 1–24.

242 Baird y Astington, 'The Development of the Intention Concept: From the Observable World to the Unobservable Mind', 258.

243 Véase Susan Choi et al., 'The Glimpsed World: Unintended Communication and Unintended Perception'.

y acompañada de unas palabras muy afables. Los textos escritos, al igual que una conversación, se construyen con un uso intencional de determinados recursos deliberadamente escogidos para producir un determinado impacto en el receptor. Analizar la utilización de estos recursos y comprender por qué un determinado autor decide emplearlos y en qué contexto desde un punto de vista neurocognitivo nos conduce a definir el texto desde su papel como vehículo que posibilita la conexión de la vida mental del productor y de la del receptor. Nos permite acercarnos a extraer conclusiones acerca del impacto que el productor pretendía provocar intencionalmente en el receptor y de las posibilidades de que el receptor pueda o no verse impactado de esta manera, atendiendo al contexto espacio-temporal en el que se encuentra inserto

Llamamos 'intención de impacto' a la forma en la que se codifican, de forma intencional, un conjunto de narrativas de *imágenes* mentales en un discurso que es intensionalizado –de acuerdo con el verbo que propone Albaladejo– o plasmado en un texto para ejercer un efecto marcado en los receptores de un determinado contexto sociocultural.

Figura 2.1 El proceso comunicativo de la obra literaria

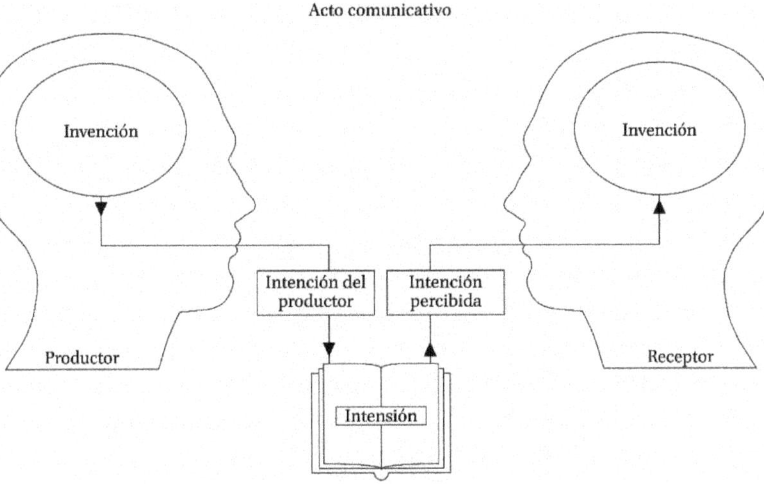

Esto implica, como muestra la Figura 2.1, reparar en la forma con que cada texto aspira a condicionar la experiencia del individuo y su posterior conducta e interacción con los entornos. Para ello, sugerimos llevar a cabo un análisis de la selección de *imágenes* mentales que se busca

expresar en un texto y de los recursos estilísticos, sintácticos y estructurales que se emplean para ello. Este análisis trataría de evaluar aproximadamente la intención de evocar en el receptor unas determinadas experiencias mentales desde una perspectiva neurocognitiva. Decimos 'aproximadamente' porque los resultados de este análisis no pueden ser todavía constatativos. Como hemos comentado en anteriores apartados, la ciencia actual todavía no dispone de recursos tecnológicos para rastrear y medir las experiencias cognitivas concretas que evocan los receptores. Asimismo, tampoco contamos con un equipo técnico que nos permita extraer conclusiones a partir de la observación de los mapas neurales que se dan en los receptores a partir de la recepción e interpretación del producto cultural. Sin embargo, esta aproximación que proponemos es una herramienta que contribuye a proporcionar una visión de la construcción de la cultura que se ajusta a nuestra naturaleza biológica.

En lo que respecta al discurso y a los textos artísticos –y en concreto, a los literarios–, decíamos anteriormente, a través de Boyd, que el impacto de estas formas discursivas funciona como un reto que le permite al receptor generar un terreno de experimentación en el que poner a prueba su experiencia sobre los entornos que le rodean. Esto, según el autor, es posible porque se le presentan al receptor una serie de informaciones valiosas, introducidas a través de unos mecanismos expresivos y unos patrones que incentivan ese interés a través del establecimiento de un vínculo personal y emocional del receptor con el producto artístico.

Nuestra intención es dedicar los siguientes apartados a ilustrar cómo distintos se construyen deliberadamente los discursos culturales –codificados textualmente a través de un lenguaje verbal escrito– para ejercer determinados impactos intencionados en los receptores. Para ello, analizaremos las estructuras y recursos estilísticos que utilizan los productores para intensionalizar sus experiencias mentales y estimaremos qué experiencias mentales buscan activamente incentivar en el receptor con esta selección y uso deliberado de recursos. Estimar la intención de impacto revelará de qué forma se intenta afectar al receptor y repercutir en su conducta y en su relación con los entornos en cada uno de los casos. Asimismo, a través del análisis nos aproximaremos a explicar de qué manera los textos que consideramos literarios proponen ese campo de experimentación del que habla Boyd a través de la estimulación de *imágenes* mentales con alto contenido emocional en los receptores.

Reconsiderar productos culturales como los literarios a partir de este análisis neurocognitivo permite resituar el discurso literario junto a otros discursos y observar de qué manera estos otros discursos –el religioso, el científico, el histórico, el político...– establecen lazos con el literario y dan lugar a textos que producen impactos híbridos. Desde esta perspectiva, la literatura pasaría a considerarse una forma discursiva con unos límites muy flexibles, en contacto directo con otros productos culturales que, en conjunto, forman esa galaxia de discursos[244] que constituye la llamada realidad intersubjetiva o realidad cultural[245]. Esa realidad cultural que no es más que un conjunto de información compartida en sociedad sobre eventos y objetos que, en principio, carecen de materialidad.

Rastrear y analizar la intención de impacto de un discurso

Vamos a llevar a cabo un análisis comparativo aproximado sobre determinados productos culturales para comprender cómo se constituyen intencionalmente para impactar deliberadamente, de un modo determinado, en los consumidores. El propósito de este análisis es observar de una forma práctica cómo funcionan todos los presupuestos teóricos que hemos desarrollado sobre la creación cultural a partir de las Ciencias Cognitivas. Hemos escogido aplicar este análisis a dos fragmentos textuales que codifican dos discursos distintos en lenguaje verbal escrito: un extracto del *Malleus Maleficarum* y una fórmula matemática publicada en el marco de la teoría de la relatividad.

En este análisis observaremos el producto cultural –el texto– en atención a los aspectos formales –fonético-fonológicos, sintácticos y estructurales– que se han escogido para expresar una serie de experiencias mentales –lo que comúnmente entenderíamos como semántica– dentro de un determinado contexto socio-cultural. A través de un ejercicio deductivo, concluiremos tras el análisis de qué forma el productor buscaba impactar en el receptor a través de esa selección de elementos para codificar sus experiencias mentales y en qué medida el receptor puede sufrir este impacto planeado, dependiendo de si comparte o no un contexto socio-cultural con el productor.

---

[244] Albaladejo, 'Interconexiones de géneros literarios y discursivos en la novela', 277–302.

[245] Harari, *Sapiens*, 30.

Los primeros textos que vamos a valorar conjuntamente y de forma comparativa son un extracto del *Malleus Maleficarum*, uno de los más relevantes tratados renacentistas sobre la condena de la brujería, publicado en Alemania en 1487, y una fórmula matemática, propuesta por Albert Einstein en el marco de la teoría de la relatividad.

> En cuanto al modo del transporte, resultar ser este: como se ha visto más arriba, las brujas, por instrucción del diablo, fabrican un ungüento con el cuerpo de los niños, sobre todo de aquellos a los que ellas dan muerte antes del bautismo; ungen con este ungüento una silla o un trozo de madera. Tan pronto como lo hacen, se elevan por los aires, tanto de noche como de día, visible o invisiblemente, según su voluntad, porque el diablo puede ocultar un cuerpo interponiendo otro objeto, como se ha dicho más arriba en la primera parte tratando de los prestigios y las ilusiones del diablo [...].
>
> Puesto que el rumor público de estos transportes se extiende sin cesar, incluso entre el pueblo, resulta innecesario añadir aquí más pruebas. Las expuestas hasta aquí serán suficientes, así lo esperamos, contra aquellos que niegan absolutamente los transportes de este género o que intentan afirmar que son únicamente de tipo imaginario o fantástico[246].

A nivel formal, el texto de Kramer y Sprenger utiliza un lenguaje verbal escrito en el que no participan figuras retóricas complejas y que no presenta ninguna particularidad marcada a nivel fonético-fonológico o sintáctico que diferencie esta utilización del lenguaje de la que regularmente empleamos para fines comunicativos cotidianos. Hay que considerar, en este punto, que el texto ante el que nos enfrentamos es una traducción de otro texto que originalmente fue publicado en latín, por lo que estos detalles podrían haberse perdido en el proceso de traducción. No obstante, la estructuración de la información y su disposición no parece indicar un posible uso irregular del lenguaje. Además, hay que considerar que gran parte de los traductores deciden conservar en sus trabajos indicios de estos usos marcados, cuando se dan. En el texto tampoco encontramos metáforas trabajadas o diálogos y el lenguaje, en sí, es muy descriptivo, aunque no excesivamente detallista: el texto únicamente se extiende en detalles para especificar que la brujas prefieren a los niños no bautizados, lo cual funciona para introducir la doctrina

[246] Enrique Kramer y Jakob Sprenger, *Malleus Maleficarum*, trad. Miguel Jiménez Monteserín (Valladolid: Maxtor, 2004), 236–237.

cristiana como un paliativo para la brujería[247] . No se explica cómo se aplican estos ungüentos ni tampoco se detalla de qué manera exacta las brujas consiguen volar tras el ritual. En lo que respecta a la semántica, no se mencionan particulares que hayan podido, en concreto, experimentar estos hechos –ni se les da voz– y los hechos, en sí, se mencionan con generalidad. Se dice que existen muchos rumores que atestiguan que estos hechos sucedieron, pero no se recogen.

Los autores, además, utilizan su autoridad para reforzar la veracidad de la argumentación. Las narrativas de *imágenes* mentales sobre las brujas y sus habilidades se codifican, por tanto, de un modo descriptivo, con un uso del lenguaje verbal escrito y con una perspectiva general y poco detallada. Se dedica un espacio significativo del texto a incidir en la facticidad de los hechos, que se marcan como eventos materiales ocurridos en el entorno externo. En el segundo párrafo, los autores insisten en que los rumores son un argumento sólido para no dudar de la existencia material de estos eventos y, de hecho, se matiza que 'no resulta necesario añadir aquí más pruebas', porque se considera que lo expresado es suficiente para acabar con las dudas que sugieren que estos transportes no pueden existir. Esta expresión añade determinación y taxatividad y cierra un debate en el que el autor no admite más dudas.

Todos los recursos expresivos del texto parecen estar puestos al servicio de comunicar la existencia material de brujas que pueden volar

---

247 Auerbach explica lo siguiente en *Mimesis*, que bien puede utilizarse para observar la forma en la que se relata en el *Malleus Maleficarum* cómo las brujas son capaces de volar: 'En los relatos bíblicos todo esto es completamente diferente. Su intención no es el encanto sensorial [...]. Pero la intención religiosa determina una exigencia absoluta de verdad histórica. La historia de Abraham e Isaac no está mejor atestiguada que la de Ulises, Penélope y Euriclea: ambas son leyenda. Solo que el narrador bíblico [...] tenía que creer en la verdad objetiva de la ofrenda de Abraham, pues la persistencia de la ordenación sagrada de la vida dependía de la verdad de este y de otros relatos parecidos. [...] El mundo de los relatos bíblicos no se contenta con ser una realidad histórica, sino que pretende ser el único mundo verdadero, destinado al dominio exclusivo. [...] Los relatos de las Sagradas Escrituras no buscan nuestro favor, como los de Homero, no nos halagan a fin de agradarnos y embelesarnos; lo que quieren es dominarnos y si rehusamos, entonces nos declaran rebeldes [...]. La doctrina y el anhelo de interpretación se encuentran íntimamente unidos a la materialidad del relato, el cual es mucho más que mera 'realidad' y está perpetuamente en riesgo de perder su propia realidad'. El *Malleus Maleficarum*, como ocurre con los textos bíblicos, no presenta elaborados recursos estéticos literarios, sino que trata de ser directo y claro para presentar al lector la 'realidad' del modo más convincente posible. Véase Auerbach, *Mimesis*, 19–21.

gracias a un ritual mágico en el que se unta en una silla o en una madera un ungüento fabricado a partir del cuerpo de niños. Todo esto, a diferencia del texto que veremos a continuación, se cuenta a través de un lenguaje verbal que no permite constatar este hecho a través de mediciones. Se explica el hecho percibido desde criterios lógicos y se comunican una serie de experiencias mentales a través de unos recursos expresivos que invitan al receptor a aceptarlas como veraces de forma dogmática, pero no le permiten constatar ni medir su veracidad.

Ahora bien, ocurre que es muy probable que los lectores de nuestro contexto socio-cultural no acepten esta invitación. Hoy en día, la mayoría de individuos de nuestra sociedad occidental dispone de experiencias mentales sobre el funcionamiento físico de nuestros entornos externos muy diferentes a las propias de la sociedad renacentista. Nuestras lógicas culturales no están construidas sobre relatos míticos o intuiciones metafísicas, sino sobre mediciones y cálculos que arrojan resultados estables y demostrables. Por eso, cuando la mayoría de nosotros leemos que las brujas son capaces de volar, las experiencias mentales que evocamos para reconstruir este suceso han sido principalmente integradas gracias a la recepción de relatos mítico-artísticos y no a partir de la interacción de nuestros entornos. En cambio, durante el Renacimiento, un individuo centroeuropeo implicado con la causa de una institución como la Inquisición evocaba experiencias mentales muy diferentes a las nuestras para interpretar el texto, más próximas a las de los autores.

El conjunto de experiencias mentales de un individuo actual no es el mismo que el de un individuo del siglo XVI y parte de esa responsabilidad la tiene el contexto cultural en el que se insertan ambos individuos. Nuestros órganos sensoriales nos facilitan reconocer nuestros entornos, pero es la comunicación con otros individuos la que condiciona nuestra interpretación sobre ellos. Nuestras experiencias mentales son una combinación de ambas cosas. En la actualidad, prácticamente nadie creería posible ver una bruja sobrevolando el cielo. Sin embargo, puede ser que en el siglo XVII alguien experimentase una interacción con los hechos que Sprenger y Kramer relatan: podría haber observado un objeto sobrevolar el cielo –un animal, un asteroide– y haber explicado esta experiencia desde una lógica socio-cultural en la que se aceptaba la existencia de las brujas. También podría ser posible que lo relatado no fuera producto de una experiencia interactiva de alguien con el entorno. En cualquier caso, lo relevante es que las *imágenes* mentales que se codifican en este texto no son recreadas de igual forma por receptores con un *background* experiencial muy diferente y que, cuanto más lejano en el tiempo está el receptor de los productores, menos se ajusta la reconstrucción y su impacto al resultado que el productor espera provocar en el receptor.

$$R_{ab} - \frac{1}{2} R g_{ab} + \Lambda g_{ab} = 8\pi G T_{ab}$$

El caso de la ecuación de Einstein es, en cambio, diferente. Para poder analizarlo, necesitamos aclarar algunas cosas previamente: la relación entre los términos 'R_{ab}' y '$\frac{1}{2} R g_{ab}$' expresa la curvatura del espacio-tiempo. 'T_{ab}' va referido a la energía de la materia. 'G' es la constante de la fuerza de la gravedad. El término 'Λg_{ab}' es la constante cosmológica, que indica que este efecto sólo ocurre en distancias extremadamente largas. La fórmula matemática sintetiza la idea de Einstein de que el espacio-tiempo y el campo gravitacional son exactamente lo mismo[248]. La primera versión de la fórmula se propuso en 1915 y era mucho más simple y el término '$+\Lambda g_{ab}$' fue añadido por el científico dos años después.

Como Kramer y Sprenger, Einstein podría haber codificado las experiencias mentales a través de un lenguaje verbal escrito, pero en cambio utiliza un lenguaje matemático para codificarlas e intensionalizarlas. Para ello, el productor asigna a un conjunto de símbolos y signos a sus *imágenes* mentales, cuyas relaciones están determinadas por una serie de operadores. La sustitución de estos conceptos por ciertos valores numéricos y la relación de los mismos a través de estos operadores matemáticos ofrece resultados cuantificables que pueden demostrar empíricamente la funcionalidad de las hipótesis o suposiciones planteadas. Codificar estas narrativas de *imágenes* mentales en lenguaje matemático requiere nuestra capacidad inventiva para simbolizar, como también lo requiere codificar nuestras experiencias mentales en lenguaje verbal escrito. Sin embargo, la elección de estos dos tipos de lenguajes y de recursos para transmitir la información afecta a la forma en la que los receptores perciben e interpretan la información y al impacto que esta tiene en ellos.

En el caso de la fórmula de Einstein, el receptor necesita disponer, en primer lugar, de las narrativas de *imágenes* necesarias para decodificar el lenguaje matemático y, en segundo lugar, de las narrativas de *imágenes* necesarias sobre el conocimiento técnico a propósito de física teórica que

---

[248] Carlo Rovelli, *Reality Is Not What It Seems*, 73.

se sintetiza en la fórmula[249]. Sólo de esta manera el receptor sería capaz de operar sobre el texto y, a través de los mecanismos cognitivos de la invención que implican la modificación de sus propias experiencias mentales recordadas, reconstruir la narrativa de *imágenes* que ha codificado Einstein. Sin disponer de estas experiencias mentales, resulta imposible interpretar la ecuación y reconstruir las *imágenes* mentales que ha codificado el autor. Si uno posee las experiencias mentales adecuadas, puede interpretar de esta fórmula que el espacio y el tiempo son dos realidades inseparables. También puede interpretar que el espacio-tiempo no puede ser concebido como un lugar, como una caja que contiene partículas y campos electromagnéticos y gravitacionales, como hasta el momento se tendía a pensar. El espacio-tiempo es, en sí y en general, partículas y campos, o sea, materia. Lo que llamamos espacio es el campo gravitacional y viceversa.

Esta conclusión que une el campo gravitacional con el espacio-tiempo requiere un cambio de punto de vista creativo que no puede existir sin los mecanismos de la invención: Einstein llega a esta conclusión a través de la recepción, retención y posterior modificación de una serie de experiencias mentales que proceden de la interacción con teorías y ecuaciones como las de Newton o Maxwell. Este material contemplaba el espacio-tiempo y la gravedad como dos realidades distintas y esto, para Einstein, resultaba problemático porque observó que las experiencias mentales que creó a partir de estas descripciones no se ajustaban con otras que disponía a partir de la observación y medición del entorno externo. Estas observaciones indicaban que entre el presente y el pasado existe una zona intermedia, un presente expandido, que ni es pasado ni es futuro y cuya duración depende del lugar en el que nos encontremos[250]. Partiendo de sus propias observaciones, Einstein modificó intencionalmente las narrativas de *imágenes* recibidas a partir de la lectura de Newton y Maxwell

---

249 También el lector del texto de Sprenger y Kramer necesita disponer de las *imágenes* mentales necesarias para decodificar el lenguaje verbal y necesita, asimismo, experiencias mentales previas sobre la brujería. No obstante, incidimos en esta necesidad en el caso de la fórmula de Einstein porque el conocimiento en física no es tan accesible ni está tan extendido como el conocimiento de una lengua verbal natural. Por tanto, resulta más ilustrativo, en este caso, que carecer de experiencias mentales previas sobre las *imágenes* mentales que se codifican trunca por completo el proceso comunicativo.

250 Eso provoca, por ejemplo, que, si enviamos un mensaje desde la Tierra, en Marte se recibirá pasados quince minutos.

y generó nuevas experiencias mentales que se codificaron en el corolario que hoy citamos. Esta conclusión, formulada, arroja resultados que resultan empíricamente constatables y funcionales, aunque no se consideran, todavía, definitivos: el espacio-tiempo es el mismo campo gravitatorio.

No obstante, la interpretación de la fórmula puede despertar posteriores experiencias mentales muy distintas dependiendo del contexto en el que los receptores hayan accedido a la fórmula. La recepción no fue la misma para los receptores coetáneos a Einstein que para aquellos que hoy la leen y que conocen los fundamentos de la física cuántica, la cual observa que lo que entendemos como tiempo no opera ordenando los eventos cuánticos en la escala de Planck. La variable 'tiempo' ('T') deja de ser operativa a un nivel cuántico y esto supone un replanteamiento del concepto que utiliza Einstein.

Estos dos análisis nos permiten hablar de la intención de impacto que los objetos tienen sobre los receptores. Ambos textos integran una serie de experiencias mentales codificadas a través de dos lenguajes distintos: el verbal y el matemático. La selección de cada uno de estos lenguajes para comunicar las experiencias mentales afecta en el impacto que estos productos van a tener sobre el receptor. En el caso del texto de Kramer y Sprenger, el uso de un lenguaje verbal permite, a través de descripciones, codificar *imágenes* mentales que facilitan que el receptor recree los hechos con carácter casi audiovisual y también codifica otras experiencias mentales que, una vez recreadas, exhortan al lector a creer dogmáticamente en lo que se escribe. Las *imágenes* que se codifican y la forma en la que se codifican no hablan de detalles precisos: no dan nombres de brujas, ni hablan de cómo visten, ni de dónde viven. Ni siquiera explican cómo vuelan, lo cual favorece una cierta amplitud y una libertad en las reconstrucciones mentales de los receptores. Esto resulta positivo para que el lector confíe en el texto, puesto que las *imágenes* que el producto codifica poseen una naturaleza ambigua que las adaptará bien a las que el receptor posea en referencia a la brujería. Será menos probable que, una vez leído el texto, se encuentren disonancias entre la experiencia del productor y la del receptor que pongan en cuestión la veracidad del fragmento. Por tanto, las *imágenes* se codifican utilizando unos determinados mecanismos expresivos con los que se busca impactar en el receptor generando unas experiencias mentales que condicionen, sin posibilidad de dudar, su forma de entender las leyes físicas del entorno material que le rodea.

Este texto tuvo una importante difusión en el siglo XVII. Un repaso histórico somero nos permitiría observar cómo el impacto del *Malleus*

Maleficarum en los receptores –que, además, fue importante debido a la gran difusión que tuvo el texto– afectó y condicionó, consecuentemente, el entorno externo en tanto en cuanto sirvió en Centroeuropa como apoyo y legitimación de la persecución y ejecución de mujeres acusadas de practicar la brujería. Sin embargo, en receptores insertos en un contexto socio-cultural diferente, como es el actual, este impacto ya no resulta efectivo ni se ajusta a las previsiones que el productor original demuestra tener a través de su uso intencional de los recursos expresivos.

En cambio, el texto de Einstein utiliza el lenguaje matemático para constituirse. Las características del lenguaje no invitan al receptor a elaborar reconstrucciones de corte audiovisual a partir de sus propias experiencias, sino que codifican *imágenes* mentales con un elevado nivel de abstracción. Los recursos expresivos que se utilizan para codificar las experiencias mentales no funcionan para exhortar y convencer al receptor, sino que buscan ofrecerle la posibilidad de practicar mediciones y comprobaciones para confiar en la información que se incluye. El receptor, por tanto, genera a partir de la lectura del texto una narrativa de *imágenes* mentales basada en la constatación empírica. Las experiencias mentales desarrolladas a partir de la fórmula impactan, como en el caso anterior, cambiando y condicionando la forma del receptor de entender el mundo externo material que le rodea. Sin embargo, los recursos que intencionalmente se utilizan para ello son muy diferentes, porque no se busca conseguir una confianza dogmática en la forma de experimentar el entorno que propone Einstein, sino una confianza que parte de la constatación a través de mediciones numéricas. Sabemos que esta fórmula revolucionó, en su momento, la forma en la que la Humanidad comprendía las leyes físicas de nuestro entorno y ha sido fundamental para el desarrollo de posteriores estudios científicos.

El texto de Sprenger y Kramer y el de Einstein comparten una intención de impacto similar. Ambos buscan extender una forma determinada de percibir y experimentar el entorno externo, de la que disponen gracias a la capacidad humana de inventar y que estructura por entero la cognición. Para ello, crean discursos que intensionalizan en productos culturales de carácter textual. Estos productos sirven para conectar sus experiencias cognitivas con las de otros semejantes y, así, coordinar con ellos una actuación que beneficia, de distintas maneras, al conjunto de seres humanos. El texto de Einstein ha servido para mejorar y optimizar cualitativamente –a través del desarrollo de numerosas aplicaciones técnicas y de otras teorías– el control y la gestión del entorno natural que nos rodea. El texto de Sprenger y Kramer ha servido, más bien, para organizar y controlar el comportamiento de grandes grupos sociales que actúan bajo unas mismas normas que aceptan doctrinalmente.

El impacto emocional de los discursos artísticos

El análisis de la intención de impacto que hemos llevado a cabo en los ejemplos anteriores es aplicable a cualquier producto cultural, sea de naturaleza textual o no, y nos permite trazar hipótesis y conclusiones sobre el impacto que el productor busca producir en el receptor y sobre el impacto que el receptor puede sufrir atendiendo al contexto histórico y cultural en el que se encuentra inserto y a su conjunto de experiencias personales. Lo conseguimos entendiendo el artefacto cultural en su dimensión comunicativa y analizando cómo se expresa formalmente el contenido de las *imágenes* mentales que codifica el producto. Así, resulta comprensible que hoy no nos aproximemos al texto de Kramer y Sprenger como posiblemente se aproximaron los lectores del siglo XVII, con los que estos autores compartían una misma visión contextual, como también resulta comprensible que, aunque conectemos emocionalmente con el paradigmático discurso de Martin Luther King – 'I have a dream' ["Tengo un sueño"]–, nuestra experiencia actual no será exactamente la misma que la que tuvo una persona racializada coetánea al pastor estadounidense.

Este análisis, aplicado a productos culturales de corte artístico, puede aportar algunas conclusiones interesantes que sirvan para resolver contradicciones y problemas derivados de las limitaciones que supone aceptar las asunciones de corte intuitivo que derivan del estudio tradicional del arte. Vamos a observar qué beneficios podría traer al estudio del arte esta nueva forma de análisis basada en fundamentos neurocognitivos a través de la observación de la intención de impacto de unos textos que, por sus características, no encuentran un lugar cómodo dentro de lo que se considera tradicionalmente como literatura, pero en los que sí somos capaces de reconocer literariedad de forma intuitiva.

Si leemos el cuento de Hans Christian Andersen titulado 'La sirenita', no nos cuesta trabajo clasificarlo dentro del conjunto de forma discursivas que consideramos literatura. Si nos preguntaran '¿Por qué identificas este texto como literario?', quizá la respuesta más inmediata y evidente sería 'Porque habla de seres que no existen. Las sirenas son criaturas fantásticas'. La oposición tradicional ficción/realidad ha servido como criterio para discriminar qué es literatura y qué no lo es porque, recordemos, la ficcionalidad se ha comprendido como una característica exclusiva de lo literario. Así, todo texto en el que se explicite información sobre objetos y eventos sin un correlato material en el entorno y que, además, incluya un uso concreto de recursos expresivos como diálogos, narrador o figuras expresivas alejadas de la norma, es automáticamente identificado como literatura. Ahora bien, ya hemos visto que en otros discursos también codificamos información sobre objetos y eventos sin materialidad en el entorno y que entender los resultados de la invención como contrarios a lo que definimos como real no es representativo del funcionamiento de nuestra cognición. No es de extrañar, por tanto, que existan disfuncionalidades en esta manera de clasificar la literatura y son perfectamente visibles en casos como los que vamos a atender a continuación. Estas disfuncionalidades provocan debates y contrasentidos en lo que respecta a la consideración de algunas obras que acaban ocupando un lugar periférico y poco representativo en la clasificación[251] de los géneros literarios, en cuya centralidad se sigue situando aquello que entendemos como narración, drama y poesía.

Un ejemplo lo tenemos en el caso de los textos autobiográficos, a propósito de los que existe todo un debate muy controvertido que ha generado distintas definiciones. José María Pozuelo Yvancos[252] recoge las dos principales corrientes críticas que han interpretado el problema de la autobiografía. Por un lado, aquella promovida por Lejeune y E. Bruss, que considera la autobiografía como una manifestación exenta de ficción, pese a que pueda adquirir estructuras muy parecidas a las de la novela ficcional convencional. Evidencia de esta afirmación es que encontramos textos autobiográficos que no han sido considerados dentro de la literatura pero que, en cambio, sí han servido como base verídica documental para investigaciones de carácter histórico. Por otro lado, la línea de la filosofía deconstructivista –que parte de Nietzsche y recoge a Derrida, Paul de Man y Roland Barthes, entre otros– plantea que cualquier narración

---

[251] En el marco de los estudios sobre literatura, la teoría de los géneros ha sufrido múltiples evoluciones a lo largo de la tradición. Los pensadores, preceptistas y teóricos de diversos siglos se han visto obligados a reconfigurarla y adaptarla para dar cabida en ella a las diversas manifestaciones textuales que han emergido en diferentes contextos socio-culturales. Véase Alfonso Martín Jiménez, *Mundos del texto y géneros literarios* (A Coruña: Universidad de A Coruña, 1993).

[252] José María Pozuelo Yvancos, *Poética de la ficción* (Madrid: Síntesis, 2006), 24.

del yo es una forma de ficcionalización que sirve al propósito de interpretar al sujeto como esfera del discurso. Este pensamiento describe la autobiografía como un texto esencialmente ficcional y defiende la idea de que toda literatura ficcional contiene, en cierto modo, autobiografismo.

Esta indeterminación en su definición, basada en la asunción de que ficción y realidad son dos conceptos opuestos, ha conducido a que las manifestaciones autobiográficas no ocupen posiciones muy estables en la clasificación de géneros. Esto ocasiona que surjan múltiples y variadas definiciones sobre el hecho. Algunas de ellas, como la de García Berrio y Huerta Calvo[253], consideran, por ejemplo, que estas manifestaciones están a caballo de las expresiones didácticas y las expresiones íntimas que emplean recursos claramente poéticos para constituirse[254] y, por tanto, se resuelve que están exentas de ficción. No obstante, contradictoriamente, el texto de estos dos autores reconoce que estas formas estéticas rozan la invención. Tras estas reflexiones, se termina por catalogar las formas autobiográficas como manifestaciones didáctico-doctrinales, lo cual desplaza estos productos a la periferia de lo literario, lejos del lugar central que ocupan otras expresiones como la novela, el teatro o la poesía, con la que, sin embargo, se reconoce que comparten similitudes.

No obstante, podemos aportar luz a este debate si nos aproximamos a este tipo de textos en su dimensión comunicativa desde una perspectiva

---

253 Antonio García Berrio y Javier Huerta Calvo, *Los géneros literarios: sistema e historia* (Madrid: Cátedra, 2015), 218–220.

254 La propuesta de Antonio García Berrio y Javier Huerta Calvo, por ejemplo, posiciona a la autobiografía junto a otro tipo de manifestaciones (como el subgénero memorialístico, los diarios y la confesión) dentro del conjunto de géneros considerados 'didáctico-ensayísticos'. En general, la tradición ha apartado estas obras de los estudios sobre Poética por su carácter doctrinal y no ficcional y porque su propósito estético se subordina a fines ideológicos. Sin embargo, a pesar de esto, los autores reconocen que muchas de estas obras han llegado a construirse con formas muy estetizantes, hasta el punto de que los límites entre lo didáctico y lo ficcional se diluyen. García Berrio y Huerta Calvo establecen una división tripartita para clasificar aquellos textos que se incluyen en el género didáctico-ensayístico: manifestaciones de expresión dramática, de expresión objetiva y de expresión subjetiva. Encontramos la autobiografía en esta última partición, junto con otros géneros como la confesión, el diario y las memorias; formas que estrechan fuertes lazos entre sí por fusionar la realidad íntima y personal del autor con la expresión literaria. García Berrio y Huerta Calvo las incluyen en este marbete de la expresión subjetiva porque en ellas, dicen, destaca la primera persona y toda la materia gira alrededor de la figura de un yo que busca desgranar su interior de una manera muy similar a como lo hace el poema lírico.

neurocognitiva y valoramos su intención de impacto para definirlos. Vamos a hacerlo a través del análisis de un extracto de *La hora violeta*, un texto publicado en 2013 por Sergio del Molino en el que el autor narra la enfermedad y la muerte de su hijo Pablo:

> Hemos arreglado casi todas las cosas que se habían roto durante la enfermedad. La nevera y el lavavajillas son nuevos, hay nuevas bombillas y hasta un nuevo sillón. Seguimos sin arreglar la persiana. Creo que nos gusta más como está. Esta casa, que tanto se quejó con ruido mecánico al morir Pablo, que a veces parecía que iba a morirse con él, se ha renovado y aguanta, conteniendo orgullosa todos sus recuerdos. El Vaquero Gay vigila la habitación, como tantas otras noches veló a su amigo calvo en la agonía química de la citarabina. Quiero creer que mi Cuque genial, mi Cuque cojonudo, sigue reinando en su casa. Pero no te encuentro, hijo. Hemos curado la casa, pero no pudimos arreglarte a ti. Te nos rompiste, mi amor, y no sé cómo decirte lo siento.[255]

El texto de Del Molino relata de forma explícita una serie de experiencias personales en torno al fallecimiento de su hijo. Quizá podríamos esperar al acceder al texto que Del Molino codificara una serie de narrativas de *imágenes* mentales con recursos expresivos parecidos a los que suelen utilizar textos de carácter histórico, con una intención de impacto dirigida a incrementar el conocimiento del receptor sobre determinados eventos acontecidos en el entorno en un pasado. Sin embargo, las narrativas de *imágenes* que codifica Del Molino y los recursos expresivos que utiliza para codificarlas podrían hacernos pensar, si aceptamos la tradicional oposición ficción/realidad, que faltan al propósito de expresar unos hechos verdaderamente ocurridos.

Del Molino explica las roturas y los ruidos extraños que se producían en su hogar durante la enfermedad de su hijo como una manifestación del dolor por la muerte del pequeño Pablo: 'Esta casa, que tanto se quejó con ruido mecánico al morir Pablo, que a veces parecía que iba a morirse con él, se ha renovado y aguanta'. El *background* experiencial de los receptores contemporáneos a Del Molino les hace conscientes de que los objetos inanimados no pueden comunicarse y no experimentan sensaciones. Esta oración, observada desde la tradicional oposición ficción/realidad, puede considerarse como una falta a la realidad. Sin embargo, desde una perspectiva neurocognitiva ya asumimos que todas las experiencias que

---

[255] Sergio del Molino, *La hora violeta* (Barcelona: Penguin Random House, 2017), 191.

se codifican en lenguaje no son exactamente las que fueron experimentadas, sino que sufren diversas modificaciones para hacerlas comunicables. Es esto, precisamente, lo que explica por qué el autor emplea una prosopopeya a través de la que atribuye características humanas a objetos inanimados: Del Molino expresa un conjunto de estados internos y sensaciones inaprensibles relacionadas con lo que entendemos como dolor a través de los crujidos del hogar; un sonido cuya evocación está próxima a la de una expresión de dolor verbal, como un quejido o un alarido, o a la del sonido repentino de un objeto quebrándose o rompiéndose. Esta simbolización permite al lector la evocación de narrativas de *imágenes* complejas que proceden de procesos neurales y químicos emocionales y que facilitan al lector la recreación, a partir de su propio *background*, de esas sensaciones internas negativas.

Del Molino también introduce otras prosopopeyas como 'El Vaquero Gay vigila la habitación, como tantas otras noches veló a su amigo'. Con esta personificación, el autor está atribuyendo, simbólicamente, entidad a los objetos materiales con los que su hijo interacciona antes de morir y los presenta como testigos de su enfermedad. Junto con esta personificación, utiliza, en un sentido contrario, la despersonalización: 'hemos curado la casa, pero no pudimos arreglarte a ti. Te rompiste, mi amor'. Estas dos figuras favorecen la vinculación de las experiencias mentales relativas a Pablo con las relativas al hogar y a la intimidad del núcleo familiar.

Asimismo, la utilización que hace Del Molino del lenguaje se desvía del uso habitual estándar. El autor emplea figuras muy llamativas como la concatenación – 'mi Cuque genial, mi Cuque cojonudo'–, en la que se repite el apelativo cariñoso con el que se refiere a su hijo– o expresiones muy metafóricas o estéticamente cuidadas, como 'agonía química de la citarabina', que sirven para ilustrar los complejos y dolorosos estados internos de Pablo que son consecuencia de la acción de fármacos indicados para el tratamiento del cáncer. Además, se emplea para el relato un narrador en primera persona testigo que afianza el carácter testimonial del texto. El narrador suele dirigirse a una tercera persona –el lector–, pero en ocasiones el relato cambia de destinatario dentro del proceso de comunicación y apela a una segunda persona. Esa segunda persona es Pablo, el hijo ausente: 'Pero no te encuentro, hijo. Hemos curado la casa, pero no pudimos arreglarte a ti. Te nos rompiste, mi amor, y no sé cómo decirte lo siento'. Este cambio de destinatario de la conversación permite al receptor generar *imágenes* mentales no sólo sobre los hechos que se relatan, sino sobre un proceso comunicativo que el mismo padre establece con el propio hijo fallecido. Le permite, en definitiva, ser testigo directo de una declaración que se articula directamente entre padre e hijo.

El texto de Del Molino relata unos hechos experimentados, pero la elección de recursos expresivos que utiliza para ello el autor no es casual. Está puesta al servicio de impactar y reconducir el tipo de experiencias mentales que desencadenarán, en general, los lectores. Se trata de unos recursos que posibilitan reconstruir los hechos no sólo a través de *imágenes* mentales sensoriales, sino también a través de sensaciones de origen emocional que provoquen al lector experiencias completas al nivel de las que el autor sintió con la muerte de su hijo. Presumiblemente, según la teoría neurocientífica que hemos expuesto al respecto de las emociones y las sensaciones, la interpretación del texto de Del Molino desencadenaría unas *imágenes* mentales en las que estarían fuertemente implicados, no sólo los procesos deliberativos que convergen en el área cortical prefrontal, sino aquellos que a nivel subcortical permiten experimentar las sensaciones internas –sentimientos– que parten de determinados patrones químicos y neurales emocionales.

Boyd hablaba de que el arte genera un terreno de experimentación en el que el receptor puede realizar un simulacro para poner a prueba su percepción experiencia del mundo. Decía que para ello era necesaria la codificación de narrativas de *imágenes* que afectaran emocionalmente al espectador. La intención de impacto del texto de Del Molino se ajusta perfectamente a la descripción de Boyd. Las experiencias mentales de alto calado emocional que despierta la codificación de las narrativas de *imágenes* mentales a través de estos recursos expresivos generan un escenario mental sobre unos hechos que, aunque no son producto de una interacción directa con nuestro entorno externo, nos afectan cognitivamente de una forma parecida y nos permiten reflexionar sobre nuestra aproximación a una cuestión que, quizás, hasta ahora quizás nos era ajena. Incluso pueden estimular nuevas conductas, en este caso, en relación con el cáncer o las enfermedades infantiles. Dicho de otro modo: Del Molino, a través de su relato, nos invita a ponernos en sus zapatos, a sentir como nuestra su causa a través de la enacción de los hechos, a reflexionar cómo reaccionaríamos en una situación así y a replantearnos nuestra forma de comprender y de sentir hechos como los que le ocurrieron a su hijo y a él como padre. Estas reflexiones, de alto calado sentimental, pueden, sin duda, alterar nuestra forma de relacionarnos con nuestros entornos en mayor o en menor medida.

Este análisis nos permite comprender por qué motivo intuimos que el texto Del Molino contiene características propias de un texto literario, pese a que, si seguimos la lógica tradicional, no tenemos claro si debiéramos considerarlo como tal, puesto que en principio tiene la intención de contar unos hechos realmente sucedidos y eso significaría, por lo tanto, que no es ficcional. Del Molino, necesariamente, utiliza los mecanismos de la invención para constituir el discurso y codificarlo en un lenguaje verbal. Los utiliza para expresar *imágenes* mentales no verbales y hacerlas, así, comprensibles; como también los utilizaría cualquier otra persona que constituyera un texto, literario o no literario. Como hemos mencionado antes, la invención condiciona toda nuestra percepción de los entornos y está presente en cada producto cultural que construimos. No obstante, no es la invención –o si queremos, la ficción– lo que le otorga un carácter artístico-literario al producto, sino su marcada intención de impacto, que es muy diferente a la de textos como los de Sprenger y Kramer o Einstein y que implica el condicionamiento sentimental del receptor con el fin de intervenir en su percepción –y en ocasiones, en su actuación– al respecto de una serie de circunstancias.

Bajo esta perspectiva, tan literaria resultaría una novela fantástica como *El señor de los anillos*, como esta autobiografía de Sergio del Molino, un poema de Federico García Lorca o el anteriormente mencionado discurso de Martin Luther King, 'I have a dream'. En este último texto, por ejemplo, se incluyen muchos recursos expresivos que funcionan activando fuertes experiencias mentales de alto calado sentimental. Estas experiencias nos hacen comprender, no sólo racionalmente, sino también sentimentalmente las vivencias y las sensaciones de las personas que sufren discriminación racial. En síntesis, la comunicación artística nos permite conectar nuestras experiencias cognitivas con un alto nivel de sofisticación que hace comunicables y reconstruibles los conjuntos de *imágenes* mentales, no en un nivel sensorial –*imágenes* visuales, táctiles, sonoras, gustativas…–, sino también, en un nivel sentimental y emocional.

Una nueva forma de valorar la comunicación artística

Describíamos en capítulos anteriores las emociones como respuestas químicas o neurales que se constituyen en patrones y que interfieren en la regulación de los procesos vitales del organismo. Decíamos que los sentimientos o las sensaciones eran las experiencias mentales derivadas de estos procesos. Las emociones y sus consecuentes sensaciones funcionan como un mecanismo bio-regulatorio que facilita la supervivencia, porque preparan a los organismos para reaccionar hacia determinados hechos. Los mecanismos emocionales, en general, tienen su arraigo en subcorticales y componentes antiguos del sistema nervioso y juegan un papel en la homeostasis del organismo, si bien nuestra expansión cognitiva ha refinado y sofisticado estos procesos. Estos mecanismos emocionales están, según recientes investigaciones, muy implicados también con el aprendizaje: cuanto más impacto emocional ocasiona una vivencia, más somos capaces de evocarla nuevamente o recordarla con precisión.

En esta forma de comprender las emociones y los sentimientos desde un punto de vista neurocognitivo encontramos ciertas convergencias con la descripción que Boyd ofrece sobre el arte como un tipo de producción humana adaptativa muy relacionada, de hecho, con el aprendizaje. Decíamos anteriormente que el arte funciona como una especie de terreno de pruebas que sirve al receptor para poner a prueba su percepción y su actuación –su reacción– sobre los entornos que le rodean y los hechos que acontecen en ellos. A través del arte, preparamos, cuestionamos o perfilamos nuestra actuación frente a determinadas vivencias, según Boyd. Una conducta que, de acuerdo con el investigador, tiene su arraigo en el juego; una actividad exploratoria común a todos los mamíferos, que implica grandes gastos de energía y un fuerte impacto emocional vinculado con sensaciones positivas, ligadas al placer. Esta conducta cumple una función homeostática de preparar al individuo para enfrentarse a las circunstancias cambiantes del entorno, para las cuales, añadimos, nuestras estructuras neurales no vienen preparadas y, por ello, necesitan del reciclaje neural que supone el aprendizaje.

Sabemos ya que el arte, como cualquier producto cultural, es una expresión con pretensiones comunicativas con la que compartimos nuestras experiencias mentales con una determinada intención. El arte nos permite conectar nuestros *softwares* con un propósito, según Boyd relacionado con la adaptación a los entornos. Tomando como válida la teoría de Boyd y comprendiendo el arte como una actividad que tiene su arraigo en el juego y que, por tanto, contribuye al aprendizaje de los individuos, es plausible deducir que las emociones y los sentimientos son el motor de la comunicación artística y que, precisamente por esto, la actividad artística tiene implicaciones homeostáticas sobre los seres humanos. El arte es, por tanto, un tipo de expresión comunicativa con la que codificamos intencionalmente un conjunto de *imágenes* mentales a través de unos mecanismos expresivos. Estos mecanismos están puestos al servicio, no sólo de desencadenar la reconstrucción de determinadas experiencias mentales de corte sensorial sobre una serie de hechos y eventos con o sin materialidad en nuestros entornos, sino de que esa reconstrucción de corte sensorial produzca unas determinadas experiencias sentimentales que condicionen nuestra reacción hacia determinados eventos u objetos. Dicho de otro modo, el arte es una expresión comunicativa que sirve, no sólo para transmitir información, sino para provocar que el receptor experimente sentimentalmente las consecuencias de esa información y adquiera nuevos posicionamientos y conductas al respecto de ella. El impacto emocional es clave para que la experiencia se dé de este modo y, de hecho, cuanto más cercana a su propio *background* de vivencias –y, por tanto, a sus intereses– se encuentre la información que se relata, más impacto emocional tendrá en el receptor y, asimismo, más contribuirá a modificar su conducta y su posicionamiento y mejor registrada quedará en sus estructuras neurales.

Así pues, si bien las emociones y los sentimientos son mecanismos neurocognitivos con funciones bio-regulatorias que resultan clave para el aprendizaje y para la adaptación en los entornos, teorizamos que las características de nuestro tipo de cognición, consecuencia del desarrollo que han sufrido nuestras estructuras neurales, han sofisticado de múltiples formas nuestra capacidad de aprender y de adaptarnos a los entornos y el arte, con sus implicaciones emocionales, es uno de los resultados de este proceso. Lisa Zunshine, en su libro *Why We Read Fiction: Theory of Mind and the Novel* [*Por qué leemos ficción: La teoría de la mente y la novela*], lleva a cabo un análisis desde la teoría de la mente con el que trata de explicar por qué los seres humanos nos comprometemos con la lectura literaria y qué extraemos de ella. Aunque parte de un enfoque diferente al de este libro, sus conclusiones tienen mucho en común con las nuestras: para Zunshine, las emociones y el aprendizaje son, como para nosotros, dos piezas clave que explican nuestro gusto por la literatura como un mecanismo adaptativo que contribuye a dar sentido a nuestras narrativas de vida[256].

A lo largo de la tradición hemos desarrollado una visión del arte como una producción humana elevada que es producto de una gran sensibilidad estética. Hemos evaluado la actividad artística a través de una serie de tópicos calcificados que nos han hecho comprender al artista de una forma esotérica, como un genio de unas capacidades inexplicables. Sin embargo, a veces se nos olvida que arte no son sólo las ingeniosas pinturas del Bosco, la sofisticada poesía de Lorca o la ópera de Verdi. Los mismos mecanismos neurocognitivos y necesidades expresivas que llevaron a San Juan de la Cruz a escribir también llevaron a los hombres del Paleolítico superior a imprimir las huellas de sus manos en las paredes de las cuevas que moraban. Sin embargo, el elitismo con el que tradicionalmente hemos descrito esta actividad ha llevado a muchos investigadores a negar el carácter artístico de estas primeras representaciones parietales, que muchas veces han sido injustamente desmerecidas como el resultado del aburrimiento y de la inactividad[257]. Entender el arte como una actividad que es el resultado de la evolución y adaptación al medio de los seres humanos contribuye a acabar con estas percepciones elitistas y a democratizar esta actividad dejando atrás asunciones intuitivas. Obviar estas asunciones implica alejarnos del hermetismo de las definiciones y clasificaciones que tradicionalmente se han construido sobre ellas y comprender que lo artístico no tiene por qué ser una característica que determine por entero determinados productos culturales. La intención de impacto altamente emocional que suele ser común a lo que identificamos como arte puede hibridarse en un mismo producto con otras intenciones de impacto que relacionamos con expresiones religiosas, políticas, económicas, periodísticas… que forman parte de una misma galaxia de realidades intersubjetivas que los individuos de una misma sociedad comparten[258]. Esto, por supuesto, afecta a la literatura como manifestación artístico-cultural, la cual podría ser descrita, al amparo de nuestra teoría, como

[256] Lisa Zunshine, *Why We Read Fiction: Theory of Mind and the Novel* (Colombus: The Ohio State University Press, 2006).

[257] Lewis-Williams, *La mente en la caverna*, 44.

[258] Véase Figura 4.1.

> *una expresión comunicativa que codifica conjuntos de imágenes mentales a través de unos mecanismos expresivos lingüístico-verbales orales o escritos, los cuales están al servicio de provocar la reconstrucción, en una dimensión sensorial y marcadamente sentimental, de experiencias mentales sobre eventos y objetos –con o sin materialidad en nuestros entornos– y de condicionar con ello nuestra reacción hacia determinadas situaciones u objetos.*

Dicho de otro modo, la literatura es una expresión comunicativa que busca impactar emocionalmente en el receptor y condicionar sus conductas con respecto a determinados temas. Estos condicionamientos pueden provocar cambios en los patrones conductuales de los individuos que forman parte de la sociedad –a mayor o a menor escala– y afectar su manera de interrelacionarse con los entornos externos e internos a su organismo, lo cual puede tener algún tipo de implicación en el equilibrio homeostático de la especie, entiendo la homeostasis tal cual lo hace Damasio.

Es cierto que, en este sentido, el impacto de otras realidades culturales como la política, la economía o la religión resulta más macroscópicamente aprehensible: todos sabemos que una decisión política –codificada en un decreto ley, por ejemplo– puede cambiar nuestra forma de interactuar con el entorno. Es lo que ha ocurrido en todos los países del mundo a partir de la pandemia de COVID-19. Se ha legislado para hacer temporalmente obligatorio el uso de mascarillas y de otros productos y rutinas higienizantes. Esta nueva norma –que es un producto cultural– ha modificado nuestra conducta y nuestra forma de actuar con los entornos para frenar el contagio de este nuevo patógeno y sus consecuencias devastadoras para la sociedad humana. Resulta fácil observar el beneficio homeostático que conlleva el impacto de esta realidad cultural. El hecho de que el impacto de la literatura y otras formas de arte no sea fácilmente reconocible a simple vista en la actuación social no significa que no exista o que no sea importante. Se trata de un impacto que, por su naturaleza emocional, puede determinar al sujeto de una forma mucho más profunda y estable que, por ejemplo, una ley que se impone a través del uso de la autoridad[259].

[259] De hecho, por este motivo han aparecido durante la pandemia muchas campañas de sensibilización que han empleado múltiples recursos expresivos de alto calado emocional para apoyar que el cumplimiento de las nuevas normas partiera de un profundo y estable convencimiento personal de los individuos y no del miedo a las posibles consecuencias materiales que pudiera provocar una infracción. El convencimiento personal lleva al individuo a cumplir las normas de forma voluntaria,

Con esta definición, dejaría de tener sentido excluir del marbete de lo literario aquellas obras que hablen sobre objetos y eventos acontecidos materialmente en nuestros entornos. Dejaría de tener sentido el cuestionamiento de si un texto periodístico es considerado como literatura o de si los diálogos o el narrador convierten una obra con pretensiones historicistas en literatura o no. Además, esta perspectiva abriría la puerta a considerar dentro del espectro de lo literario otras manifestaciones textuales –el monólogo cómico, las noticias satíricas…– con un marcado y central impacto emocional. Se trata de formas discursivas relativamente novedosas que en ocasiones han sido cuestionadas, en las que se ha llegado, en ocasiones, a reconocer cierta literariedad, pero que no son reconocidas como literatura.

Estas aproximaciones teóricas que aquí exponemos necesitan, todavía, de una profunda revisión experimental. Sin embargo, para constituirse, toman como base el funcionamiento de nuestro sistema cognitivo y nuestras habilidades comunicativas. Esta perspectiva evidencia el arte y lo literario como un producto mental, cuya naturaleza está constreñida por nuestras habilidades intelectivas. Considerar lo literario como una propiedad textual que puede convivir en connivencia con muchas otras en un mismo producto vuelve transversal el estudio de la Teoría Literaria y lo abre a múltiples formas discursivas.

A la luz de estas reflexiones y al margen de que nuevos descubrimientos puedan superar o matizar esta propuesta, creemos conveniente el desarrollo de nuevos enfoques teóricos que adquieran metodologías de trabajo capaces de dar cuenta de nuestras capacidades creativas y de superar las limitaciones excluyentes y el hermetismo de la tradicional manera metafísica de describir el arte y la literatura.

---

mientras que el uso de la autoridad puede provocar actitudes reaccionarias que comprometan el impacto que se desea alcanzar con la implantación de la norma.

CONCLUSIONES
Humanidades que explican la cultura con perspectiva cognitiva

Hemos afirmado en algunos puntos de este trabajo que, hasta el momento y de forma mayoritaria, se ha explicado el arte y la literatura a través de las asunciones que ha perpetuado y diseminado a lo largo de la tradición un modelo intuitivo de conocimiento. Esto ha ocurrido, precisamente, porque hasta hace relativamente poco –mediados del siglo XX– los seres humanos no éramos capaces de explicar a través de resultados empíricos cómo pensamos y sentimos y por qué nuestra inteligencia nos permite llevar a cabo actividades y resultados inalcanzables para otros seres vivos. No es de extrañar, pues, que el arte y la literatura, como productos humanos que dependen enteramente de nuestras capacidades intelectivas y nuestras sensaciones subjetivas, sigan explicándose a través de un discurso que entiende la producción artística como una realización de naturaleza misteriosa e inexplicable. La herencia platónica nos ha hecho percibir al artista y al literato como figuras elevadas, dotadas de un don que, no se sabe muy bien cómo, consigue transmitir una verdad espiritual y general, atemporal y común a todos los seres humanos.

Sin embargo, a medida que los avances científico-técnicos se suceden, las Ciencias Cognitivas ganan cada vez más capacidad de teorizar a partir de resultados empíricos sobre nuestro potencial cognitivo y sus características y limitaciones. Las explicaciones de la neurociencia y la actual psicología sobre el funcionamiento de nuestra vida mental y de los objetos culturales que elaboramos gracias a ella no se corresponden ni encuentran representatividad en algunas explicaciones intuitivas con las que los estudios tradicionales han dado cuenta del fenómeno artístico y literario. Es, pues, el momento de contribuir al desarrollo de un enfoque de investigación que integre en su comprensión del objeto artístico las capacidades y las limitaciones de nuestras operaciones neurocognitivas.

Es esto, precisamente, lo que nos hemos propuesto en este trabajo, conducido por las tres preguntas de investigación anunciadas en la introducción, a las que damos respuesta a lo largo de los dos bloques de contenido que lo conforman. El primero está dedicado a resolver la primera pregunta: ¿Qué procesos seguimos los seres humanos para inventar y comunicar invenciones y qué elementos biológicos nos permiten hacerlo? En él, proponemos una síntesis sobre el funcionamiento de nuestra cognición, basada en los estudios que se están llevando a cabo desde el ámbito de la neurociencia sobre el funcionamiento de nuestra arquitectura cerebral. El segundo está dedicado a responder las dos preguntas siguientes: ¿Los procesos que seguimos para inventar o ficcionalizar son representativos de las tradicionales definiciones de ficción, construidas sobre la dualidad ficción/realidad y restringidas a lo artístico-literario? y ¿Son las invenciones de la literatura diferentes a las que se integran en otros discursos? En él, aplicamos de forma deductiva las descripciones que la neurociencia y la psicología ofrecen sobre el funcionamiento de nuestra vida mental y nuestras conductas para explicar la creación artístico-literaria. Esto nos lleva a confrontar algunos argumentos de autoridad surgidos de la descripción del objeto literario desde un discurso que estudia el proceso de producción de arte a través de argumentos que parten de constataciones empíricas. Esta metodología nos ha posibilitado replantear conceptos tradicionales como el de ficción, representación o narración y proponer nuevas definiciones sobre arte y literatura que se ajustan al funcionamiento neurocognitivo de nuestros procesos creativos. Las conclusiones que hemos extraído a partir de esta investigación son las siguientes:

1) La capacidad de producir experiencias mentales sobre objetos y eventos sin materialidad a partir de la modificación de los recuerdos es parte intrínseca de la cognición humana y, no sólo articula nuestra vida mental, sino que también es la herramienta que nos posibilita la creación de cualquier realidad cultural, incluidas las artísticas y literarias.
2) La comunicación con otros semejantes se encuentra intervenida por esta habilidad de hablar sobre lo que *no existe*. Los individuos que establecen relaciones comunicativas comparten información sobre eventos y objetos sin materialidad que tienen un papel nuclear en la organización social. El arte y la literatura, como forma de arte, participan de esta organización social contribuyendo al aprendizaje y al desarrollo de los individuos que las componen.
3) Teniendo en cuenta esto, la invención puede dejar de ser entendida como información incierta y opuesta a lo que se considera como

realidad que define lo literario y lo artístico y puede pasar a comprenderse como la codificación y materialización, con una proyección comunicativa, de la experiencia mental y no material de uno o varios individuos, que un receptor es capaz de interpretar y experimentar de una forma aproximada y que tiene un gran potencial de causar un impacto emocional que condicione el desarrollo del sujeto.

4) El arte, como realidad cultural, es una expresión comunicativa que codifica y materializa –con un diseño adecuado para provocar un alto impacto emocional– experiencias mentales capaces de afectar a la conducta del sujeto receptor. La literatura utiliza una materialidad lingüístico-verbal escrita u oral para evocar experiencias mentales que activan complejas sintiencias sentimentales.

Utilizamos una teoría deductiva a la hora de explicar el arte y la literatura a través de los presupuestos de las Ciencias Cognitivas y esto implica que las conclusiones a las que llegamos no pretenden funcionar como certezas irrebatibles. Es necesario todavía contrastar los resultados de esta investigación a través de pruebas empíricas que puedan verificar hasta qué punto la aproximación que aquí proponemos es completamente representativa de las operaciones mentales y neurales que tienen lugar en los organismos humanos para la creación de productos culturales como el arte o la literatura. No obstante, pensamos que apostar por una teoría con aspiraciones contrastivas resulta enriquecedor y aporta un enfoque distinto para el tratamiento del arte y la literatura que puede ayudar a solventar contrasentidos teóricos tradicionales a los que no es posible encontrarles una respuesta funcional sin comprender el funcionamiento de la cognición humana. Es cierto que todavía no disponemos, por ejemplo, de una tecnología para obtener mediciones sobre las experiencias mentales que sienten los individuos, pero las mediciones que se practican sobre los procesos neurales y químicos del organismo ya ofrecen resultados que nos sirven para esbozar una descripción completa de nuestro tipo de vida mental a partir de las operaciones neurales que la posibilitan.

En su nacimiento en el siglo XX, la Teoría Literaria buscó activamente acabar con la forma idealista y dialéctica de explicar la literatura y mostró grandes inquietudes por abordar el estudio del hecho literario desde un punto de vista objetivista. Este cambio de mentalidad supuso un verdadero progreso en la disciplina de los estudios sobre arte y literatura y favoreció que numerosas corrientes y autores concedieran cada vez más importancia al estudio del ámbito pragmático y consideraran el hecho literario en un contexto comunicativo. Nuestra aproximación es continuista con esta perspectiva de abordar el objeto artístico. En una línea distinta, pero con puntos en común con la de la Ciencia Empírica de la Literatura, pretende enriquecer y sumar a estas propuestas.

Los Estudios Cognitivos nos permiten observar la invención desde una perspectiva en la que somos conscientes de que Gandalf el Gris no es más ni menos real que treinta euros y de que ambas construcciones tienen distintos impactos en los receptores. También nos posibilitan proponer una Teoría de la Literatura mucho más integradora con otras realidades culturales, libre de contradicciones heredadas de un estudio plenamente intuitivo del hecho artístico o literario y cooperativa con otras disciplinas científicas fuera del ámbito de las Humanidades. Por último, los Estudios Cognitivos nos facilitan una visión del hecho artístico que nos permite entendernos mejor como seres humanos y comprender la verdadera dimensión, utilidad y limitaciones de nuestras capacidades.

Pensamos que resulta contraproducente y oscuro explicar lo que hacemos –nuestra producción cultural– sin tener en cuenta para ello lo que somos biológicamente: cuál es nuestra naturaleza, de dónde proceden nuestras capacidades y cuáles son sus límites. Este estudio es sólo un humilde y pequeño paso en el camino de las Humanidades. Una aproximación que permite entender el arte y la literatura en el contexto de lo que implica, desde un punto de vista neurocognitivo, ser un ser humano.

BIBLIOGRAFÍA

'Consciencia', *Diccionario de la Real Academia Española*, https://dle.rae.es/consciencia#QRGd1VI, accedido 21 jul. 2024.

'Ficción', *Diccionario de la Real Academia Española*, https://dle.rae.es/ficci%C3%B3n?m=form, accedido 20 jul. 2024.

'Fingir', *Diccionario de la Real Academia Española*, https://dle.rae.es/fingir?m=form, accedido 20 jul. 2024.

'Invención', *Diccionario de la Real Academia Española*, https://dle.rae.es/invenci%C3%B3n?m=form, accedido 20 jul. 2024.

'Narrar', *Diccionario de la Real Academia Española*, https://dle.rae.es/narrar, accedido 20 jul. 2024.

Álamo Felices, Francisco, 'El concepto de ficcionalidad: teoría y representaciones textuales', *Revista de Literatura* 151 (2014), 17–37.

Albaladejo, Tomás, 'Interconexiones de géneros literarios y discursivos en la novela. Perspectivas desde el análisis interdiscursivo', en Ana Baquero Escudero, Fernando Carmona Fernández, Manuel Martínez Arnaldos y Antonia Martínez Pérez, eds, *La interconexión genérica en la tradición narrativa* (Murcia: Editum, 2011), 277–302.

——, 'Mijail Bajtín: Poética / política y novela / sociedad. El problema de la representación', en Bénédicte Vauthier y Pedro M. Cátedra, eds., *Mijail Bajtín en la encrucijada de la Hermenéutica y las Ciencias Humanas* (Salamanca: Semyr, 2003), 1–3.

——, 'The Pragmatics in János S. Petőfi's Text Theory and the Cultural Rhetoric: The Extensional-Semantic Code and the Literature of the Spanish Golden Age', en Margarita Borreguero Zuloaga y Luciano Vitacolonna, eds, *The Legacy of Janos S. Petőfi: Text Linguistics, Literary Theory and Semiotics* (Newcastle upon Tyne: Cambridge Scholars, 2019), 92–109.

——, 'Transducciones en la obra de Enrique Vila-Matas'. En María Dolores de Asís Garrote y Ana Calvo Revilla, eds, *La novela contemporánea española* (Madrid: Universidad de San Pablo CEU, 2005), 11–31.

——, *Teoría de los mundos posibles y macroestructura narrativa*. (Alicante: Universidad de Alicante, 1986).

Altozano, Jaime, 'El Señor de los Anillos – Análisis de la Banda Sonora (Comunidad)' [vídeo], YouTube (subido 3 may. 2017), https://www.youtube.com/watch?v=y5LLHZf9ebU, accedido 20 jul. 2024.

Anderson, John R., y Lael J. Schooler, 'Reflections of the Environment in Memory'. *Psychological Science* 2 (1991), 396–408. doi: https://doi.org/10.1111/j.1467-9280.1991.tb00174.x

Aristóteles, *Poética*, ed. Valentín García Yebra (Madrid: Gredos, 1974).

Atran, Scott, *In Gods We Trust. The Evolutionary Landscape of Religion* (New York: Oxford University Press, 2004).

——, Medin Douglas y Norbert Ross, 'The Cultural Mind: Environment, Decision Making and Cultural Modeling Within and Across Populations', *Psychological Review* 112/4 (2005), 744–776. doi: 10.1037/0033-295X.112.4.744

Auerbach, Erich, *Mimesis. La representación de la realidad en la literatura occidental*, trad. Ignacio Villanueva y Eugenio Ímaz (México: Fondo de Cultura Económica, 2017).

Azjen, Icek, y Martin Fishbein, *Understanding attitudes and predicting social behavior* (Englewood Cliffs, NJ: Prentice-Hall, 1990).

Baars, Bernard J., 'In the Theater of Consciousness: The Workspace of the Mind', *Journal of Consciousness Studies* 4/4 (1997), 292–309. doi: http://dx.doi.org/10.1093/acprof:oso/9780195102659.001.1

Baird, Jodie A., y Janet W. Astington, 'The Development of the Intention Concept: From the Observable World to the Unobservable Mind', en Ran R. Hassin, James S. Uleman y John A. Bargh, eds, *The New Unconscious* (New York: Oxford University Press, 2005).

Bandura, Albert, 'Self-regulation of motivation through anticipatory and self-reactive mechanisms', en Richard A. Dienstbier, ed., *Nebraska Symposium on Motivation: Perspectives on motivation* (Lincoln: University of Nebraska Press, 1991), 69–164.

Barret, Lisa F., 'Emotions Are Real', *Emotion* 12/3 (2012), 413–429. doi: https://doi.org/10.1037/a0027555

Charles Batteux, *Las bellas artes reducidas a un único principio*, ed. Romà de la Calle, trad. Josep Montaner Pérez y Benedicta Chilet (Valencia: Publicaciones de la Universitat de València).

Baudelaire, Charles, *Las flores del mal,* ed. Alain Verjat y Luis Martínez de Merlo, trad. Luis Martínez de Merlo (Madrid: Cátedra, 2021).

Bauer, Patricia J., 'Complications Abound, and Why That's a Good Thing', en Jodi A Quas y Robyn Fivush, eds, *Emotion and Memory in Development. Biological, Cognitive & Social Considerations* (New York: Oxford University Press, 2009), 374–393.

Baumgarten, Alexander G., *Reflexiones filosóficas acerca de la poesía*, ed. Antonio Míguez (Buenos Aires: Aguilar, 1975).

Boyd, Brian, *On the Origin of Stories* (London: Harvard University Press, 2009).

Bruner, Jerome., 'The Narrative Construction of Reality', *Critical Inquiry* 18/1 (1991), 1–21.

Callois, Roger, *Man, Play and Games*, trad Meyer Barash (Chicago: University of Illinois Press, 2001).

Caracciolo, Marco, 'Beyond Other Minds: Fictional Characters, Mental Simulation, and 'Unnatural' Experiences', *Journal of Narrative Theory* 44/1 (2014), 29–53. doi: https://doi.org/10.1353/jnt.2014.0005

Caracciolo, Marco, *The Experientiality of Narrative. An Enactivist Approach* (Berlin/Boston: De Gruyter, 2014).

Carver, Leslie J., y Annete Cluver, 'Stress Effects on the Brain System Underlying Explicit Memory', en Jodi A. Quas y Robyn Fivush, eds, *Emotion and Memory in Development. Biological, Cognitive & Social Considerations* (New York: Oxford University Press, 2009) 278–312.

Cely Ávila, F. Emilce, 'Intersubjetividad: entre explicación y comprensión', *Revista colombiana de Psiquiatría* 43/1 (2014), 52–57. doi: https://doi.org/10.1016/S0034-7450(14)70043-5

Chalmers, David J., 'Facing Up to the Problem of Consciousness', *Journal of Consciousness Studies* 2/3 (1995), 208. doi: https://doi.org/10.4324/9780203826430-11

Chico Rico, Francisco, 'Fundamentos metateóricos de la ciencia empírica de la literatura', *Estudios de Lingüística Universidad de Alicante* 4 (1987), 45–61. doi: http://dx.doi.org/10.14198/ELUA1987.4.03

——, 'Introducción a la Ciencia Empírica de la Literatura', en Chico Rico, ed., *La Ciencia Empírica de la Literatura. Conceptos, Métodos, Consecuencias* (Madrid/Alicante: Verbum/Universidad de Alicante, 1995), 11–34.

——, 'La ciencia empírica de la literatura en el marco actual de los estudios teórico-literarios', *Periodística* (1991), 67–80. doi: http://hdl.handle.net/10045/9131

——, *Pragmática y construcción literaria. Discurso retórico y discurso narrativo* (Alicante: Universidad de Alicante, 1988).

Choi, Susan, Heather M. Gray, y Nalini Ambady, 'The Glimpsed World: Unintended Communication and Unintended Perception', en Ran R. Hassin, James S. Uleman y John A. Bargh, eds, *The New Unconscious* (New York: Oxford University Press, 2005), 309–333.

Coplan, Amy, 'Empathic Engagement with Narrative Fictions', *Journal of Aesthetics and Art Criticism* 62/2 (2004), 141–152. doi: http://dx.doi.org/10.1111/j.1540-594X.2004.00147.x.

Craig, Athur, 'Interoception: the sense of the physiological condition of the body', *Current Opinion in Neurobiology* 13 (2003), 500–505. https://doi.org/10.1016/s0959-4388(03)00090-4

Curtius, Ernst Robert, *Literatura europea y Edad Media latina, II.*, trad. Margit Frenk Alatorre y Antonio Alatorre (México: Fondo de Cultura Económica, 2017).

Damasio, Antonio, 'Time-locked multiregional retroactivation: A system-level proposal for the neural substrates of recall and recognition', *Cognition* 33/1–2 (1989), 25–62. doi: https://doi.org/10.1016/0010-0277(89)90005-X

——, *The Feeling of What Happens. Body and Emotion in the Making of Consciousness* (New York: Harcourt, 2000).

——, *The Strange Order of Things. Life, Feeling and the Making of Cultures* (New York: Pantheon Books, 2018).

——, y Gil B. Carvalho, 'The nature of feelings: evolutionary and neurobiological origins', *Nature Reviews Neuroscience* 14 (2013), 143–152. doi: https://doi.org/10.1038/nrn3403

——, y Josef Parvizi, 'Consciousness and the brainstem', *Cognition* 79 (2001), 135–160. doi: https://doi.org/10.1016/S0010-0277(00)00127-X

Dehaene, Stanislas, *Consciousness and the Brain. Deciphering How the Brain Codes our Thoughts* (New York: Penguin Books, 2014).

——, *Reading in the Brain. The New Science of How We Read* (USA: Penguin Random House, 2010).

Del Molino, Sergio, *La hora violeta* (Barcelona: Penguin Random House, 2017).

Dennett, Daniel C., *Breaking the Spell. Religion as a Natural Phenomenon* (USA: Penguin Books, 2007).

——, *Consciousness Explained* (USA: Penguin Books, 1993).

Doležel, Lubomír, 'Semiotics of Literary Communication', *Strumenti Critici* 1 (1986), 5–48.

——. *Heterocósmica. Ficción y mundos posibles*, traducido por Féliz Rodríguez (Madrid: Arco/Libros, 1999).

Donald, Merlin, *The Origins of the Modern Mind. Three Stages in the Evolution of Culture and Cognition* (Cambridge, UK: Harvard University Press, 1993).

Edelman, Gerald M., *Bright Air, Brilliant Fire: On the Matter of the Mind* (Harmondsworth, Penguin Random House, 1994).

Eder, Jens, 'Narratology and Cognitive Reception Theories', en Tom Kindt y Hans-Harald Müller, eds, *What is narratology? Questions and answers regarding the status of a theory* (Berlin: De Gruyter, 2003),

Farah, Martha J., 'Is Visual Imagery Really Visual? Overlooked Evidence From Neuropsychology', *Psychological Review* 95/3 (1988), 307–317. doi: https://doi.org/10.1037/0033-295X.95.3.307

Frazer, James, *La rama dorada*, trad. por Óscar Figueroa Castro (México: Fondo de Cultura Económica, 2011).

Gallese, Vittorio, 'Embodied simulation: From neurons to phenomenal experience', *Phenomenology and the Cognitive Sciences* 4/1 (2005), 23–48. doi: http://dx.doi.org/10.1007/s11097-005-4737-z

Gambino, Renata, y Grazia Pulvirenti, *Stori Menti Mondi. Approccio neuroermeneutico alla letteratura* (Milano: Mimesis, 2018).

García Berrio, Antonio, *Formación de la teoría literaria moderna. Tópica horaciana. Renacimiento europeo* (Madrid: Cupsa Editorial, 1977).

——, y Javier Huerta Calvo, *Los géneros literarios: sistema e historia* (Madrid: Cátedra, 2015).

Genette, Gérard, *Figuras III*, trad. Carlos Manzano (Barcelona: Lumen, 1989).

Godfrey-Smith, Peter, *Other Minds. The Octopus and the Evolution of Intelligent Life* (London: William Collins, 2018).

Gollwitzer, Peter M., Ute C. Bayer, y Kathleen C. McCulloch, 'The control of the Unwanted', en Ran R. Hassin, James S. Uleman y John A. Bargh, *The New Unconscious* (New York: Oxford University Press, 2005), 485–515.

Hamburger, Käte, *La lógica de la literatura*, trad. José Luis Arántegui (Madrid: Visor, 1995).

Hamilton, William D., 'The Evolution of Altruistic Behavior', *The American Naturalist* 97/896 (1963), 354–356. http://www.jstor.org/stable/2458473

Harari, Yuval N., *Sapiens. A Brief History of Humankind*, trad. Yuval Noah Harari, John Purcell y Haim Watzman (Falkirk: Penguin Random House, 2015).

Harshaw, Wolfgang, 'Ficcionalidad y campos de referencia', en Antonio Garrido Domínguez, comp., Eugenio Contreras, trad,, *Teorías de la ficción literaria* (Madrid: Madrid: Arco/Libros, 1997), 123–158.

Haxby James V., Alumit Ishai, Linda L. Chao, Leslie G. Ungerleider, y Alex Martin, 'Object-form topology in the ventral-temporal lobe', *Trends in Cognitive Sciences* 4/1 (2000), 3–4. doi: https://doi.org/10.1016/S1364-6613(99)01423-0

——, M. Ida Gobbini, Maura L. Furey, Alumit Ishai, Jennifer L. Schouten, y Pietro Pietrini, 'Distributed and Overlapping Representations of Faces and Objects in Ventral Temporal Cortex', *Science* 293/5539 (2001), 2425–2430. doi: https://doi.org/10.1126/science.1063736

Hegel, Georg W., *Lecciones de estética I*, trad. Raúl Gabás (Barcelona: Ediciones Península, 1989)

Hernández, Miguel, *Obra Completa,* I, eds Agustín Sánchez Vidal, José Carlos Rovira y Carmen Alemany (Madrid, Espasa-Calpe,1992).

Renacimiento a la Posmodernidad, trad. Marco A. Galmarini (Madrid: Cátedra, 1999).

Husserl, Edmund, *Las crisis de las ciencias europeas y la fenomenología trascendental*, trad. Julia V. Iribarne (Buenos Aires: Prometeo Libros, 2008).

Iacoboni, Marco, *Mirroring People. The Science of Empathy and How We Connect with Others* (New York: Picador, 2009).

Ishai, Alumit, Leslie G. Ungerleider, Alex Martin, Jennifer L. Schouten, y James V. Haxby, 'Distributed Representation of Objects in the Human Ventral Visual Pathway', *Proceedings of the National Academy of Sciences* 96/16 (1999), 9379–9384. https://doi.org/10.1073/pnas.96.16.9379

——, Leslie G. Ungerleider, Alex Martin, y James V. Haxby, 'The representation of objects in the human occipital and temporal lobe', *Journal of Cognitive Neuroscience* 12/ 2 (2000), 35–5. doi: https://doi.org/10.1162/0898 92900564055

Kleiner, Johannes, y Erik Hoel, 'Falsification and consciousness', *Neuroscience of Conciousness* 7/1 (2021), 1–15. doi: https://doi.org/10.1093/nc/niab001

Kosslyn, Stephen M., William L. Thompson, Irene J. Kim, y Nathaniel M. Alpert, 'Topographical representations of mental images in primary visual cortex', *Nature* 378/6556 (1995), 496–498. doi: http://dx.doi.org/10.1038/378496a0

Kramer, Enrique, y Jakob Sprenger, *Malleus Maleficarum*, trad. Miguel Jiménez Monteserín (Valladolid: Maxtor, 2004).

Ledoux, Joseph, *The Emotional Brain. The Mysterious Underpinnings of Emotional Life* (London, Phoenix, 1998).

Lewis-Williams, David, *La mente en la caverna*, trad. Enrique Herrando Pérez (Madrid: Akal, 2019).

Locke, Edwin, y Gary P. Latham, A *theory of goal setting and task performance* (Englewood Cliffs, NJ: Prentice-Hall, 1990).

López Canicio, Gemma, 'Realidad y Ficción: Historia, teoría y crítica de la dualidad', Tesis doctoral (Madrid: Universidad Autónoma de Madrid, 2020).

Lotze, Martin, y Ulrike Halsband, 'Motor Imagery', *Journal of Physiology Paris* 99/4–6 (2006), 386–395. doi: http://dx.doi.org/10.1016/j.jphysparis.2006.03.012

Malle, Bertram F., Louis J. Moses, y Dare A. Baldwin, 'The significance of intentionality', en Bertram F. Malle, Louis J. Moses y Dare A. Baldwin, *Intentions and intentionality. Foundations of social cognition* (Cambridge, MA; MIT Press, 2001), 1–24.

——, y Joshua Kenobe, 'The distinction between desire and intention: A folk-conceptual analysis', en Bertram F. Malle, Louis J. Moses y Dare A. Baldwin, *Intentions and intentionality. Foundations of social cognition* (Cambridge, MA; MIT Press, 2001), 45–67.

Man, Kingson, Antonio Damasio, Meyer Kaspar, y Jonas T. Kaplan, 'Convergent and Invariant Object Representations for Sight, Sound and Touch', *Brain Human Mapping* 36/ 9 (2015), 3629–3640. doi: http://dx.doi.org/10.1002/hbm.22867

——, Jonas T. Kaplan, Antonio Damasio, y Meyer Kaspar, 'Sight and Sound Converge to Form Modality-Invariant Representations in Temporoparietal Cortex', *Journal of Neuroscience* 21/47 (2012), 16629–16636. doi: https://doi.org/10.1523/JNEUROSCI.2342-12.2012

Marks, Lawrence E., *The Unity of The Senses: Interrelations Among the Modalities* (New York: Academic Press, 1978).

Martín Jiménez, Alfonso, 'La retórica clásica y la neurociencia actual: las emociones y la persuasión', *Rétor* 4/1 (2014), 56–83. doi: http://uvadoc.uva.es/handle/10324/4987

——, *Mundos del texto y géneros literarios* (A Coruña: Universidad de A Coruña, 1993.)

Maturana, Humberto, *Erkennen: Die Organisation und Verkörperung von Wirklichkeit. Ausgewählte Arbeiten zur biologischen Epistemologie.* (Braunschweing/Wiesbaden: Vieweg, 1985).

Meyer, Kaspar, y Antonio Damasio, 'Convergence and divergence in a neural architecture for recognition and memory', *Trends in Neuroscience* 32/7 (2009), 376–382. doi: https://doi.org/10.1016/j.tins.2009.04.002

Minturno, Sebastiano, *Arte Poética*, 2 vols, ed. y trad. Mª del Carmen Boves Naves (Madrid: Arco/Libros, 2009).

Mithen, Steven, *The Singing Neanderthals. The Origins of Music, Language, Mind, and Body* (New York: Basic Books, 1994).

Nieremberg, Juan E., 'Cap XXIII. Si el coraçon de la tierra es piedra Iman. Deſcubrenſe ſecretos muy articulares…', *Libro qvinto, de la piedra iman, como no atrae al hierro, ni mira a los Polos del mundo, ni otra Eſtrella*, en *Cvriosa y ocvlta filosofia. Primera, y segunda parte de las marauillas de la Naturaleza, examinadas en varias queſstiones naturales* (Alcalá: Imprenta de María Fernández, 1649), 99–147.

Pavel, Thomas G., 'Las fronteras de la ficción', en Antonio Garrido Domínguez, comp., Eugenio Contreras, tr, *Teorías de la ficción literaria* (Madrid: Arco/Libros, 1997), 171–180.

Petőfi, János S., y Antonio García Berrio, eds, *Lingüística del texto y crítica literaria* (Madrid: Comunicación, 1978).

Platón, *Diálogos. I. Apología, Critón, Eutifrón, Ion, Lisis, Cármides, Hipias menor, Hipias mayor, Laques, Protágora*, ed. Emilio Lledó Íñigo, J. Calonge Ruiz y Carlos Carcía Gual (Madrid: Gredos, 1981).

——, *Diálogos. IV. República*, ed. Conrado Eggers (Madrid: Gredos, 1986).

Pozuelo Yvancos, José María, *Poética de la ficción* (Madrid: Síntesis, 2006).

Pujante, David, 'Constructivist rhetoric within the tradition of rhetorical studies in Spain', *Res Rhetorica* 1 (2016), 30–49. doi: https://doi.org/10.17380/rr2016.1.3

——, 'The discursive construction of reality in the context of rhetoric. Constructivist rhetoric', en Esperanza Morales López y Alan Floyd, eds, Developing *New Identities in Social Conflicts. Constructivist Perspectives* (Amsterdam/Philadelphia: John Benjamins Publishing Company, 2017),41–65.

Reisz de Rivarola, Susana, 'Ficcionalidad, referencia y tipos de ficción literaria', *Lexis* 3/2 (1979), 99–170.

Rovelli, Carlo, *Reality Is Not What It Seems. The Journey to Quantum Gravity*, trad. Simon Carnell y Erica Segre (UK: Penguin Random House, 2017).

Ryan, Marie-Laure, 'Mundos posibles y relaciones de accesibilidad: una tipología semántica de la ficción', en Antonio Garrido Domínguez, comp., Antonio Ballesteros, trad., *Teorías de la ficción literaria* (Madrid: Arco/Libros, 1997), 181–206.

——, *Avatars of Story* (Minneapolis: University of Minnesota Press, 2006).

Schmidt, Siegfried J., 'Fictionality in Literary and Non-Literary discourse', *Poetics* 9/5–6 (1980), 525–546. doi: https://doi.org/10.1016/0304-422X(80)90005-4

——, 'La auténtica ficción es que la realidad existe. Modelo constructivista de la realidad, la ficción y la literatura', en Antonio Garrido Domínguez, comp., Paloma Tejada Caller, trad., *Teorías de la ficción literaria* (Madrid: Arco/Libros, 1997), 207–238.

——, 'The Fiction is that Reality Exists. A Constructivist Model of Reality, Fiction and Literature', *Poetics Today* 5 (1984), 253–274. doi: https://doi.org/10.2307/1771932

——, *Der Diskurs des Radikalen Konstruktivismus* (Frankfurt am Main: Suhrkamp, 1987).

Searle, John R., *Intentionality: An essay in philosophy of mind* (Cambridge, UK: Cambridge University Press, 1983).

Seth, Anil K., 'Interoceptive inference, emotion, and the embodied self', *Trends in Cognitive Science* 17/11 (2013), 565–573. doi: https://doi.org/10.1016/j.tics.2013.09.007

Slotnick, Scott D., William L. Thompson, y Stephen M. Kosslyn, 'Visual Mental Imagery Induces Retinotopically Organized Activation of Early Visual Areas', *Cerebral Cortex* 15 (2005), 1570–1583. doi: https://www.doi.org/10.1093/cercor/bhi035

Sperber, Dan, *Explaining Culture: A naturalistic approach* (London: Blackwell, 1996).

Stanosz, Barbara, 'Formal Theories of Extension and Intension of Expression', *Semiotica* 2 (1970), 102–144.

Tomasello, Michael, Malinda Carpenter, Josep Call, Tanya Behne, y Henrike Moll, 'Understanding and sharing intentions: The origin of cultural cognition', *Behavioral and Brain Sciences* 28/ 5 (2005), 675–735.

——, *The cultural origins of human cognition* (Cambridge, MA: Harvard University Press, 2000).

Valdivia Martín, Pablo, 'Cultural Narratives of Crisis and Populism in Spain: Metaphor, Nation-branding and Social Change', en M. Boletsi, J. Houwen y L. Minaard, eds, *Languages of Resistance, Transformation and Futurity in Mediterranean Crisis-Scapes: From Crisis to Critique* (Palgrave Studies in Globalization, Culture and Society, Palgrave Mcmillan, 2020), 101–117. doi: https://doi.org/(...)07/978-3-030-36415-1

——, 'Narrating crisis and populism in Southern Europe: Regimes of metaphor', *Journal of European Studies* 49/3–4 (2019). doi: https://doi.org/10.1177/0047244119865083

Van Dijk, Teun A, *Texto y contexto (semántica y pragmática del discurso)*, trad. Juan D. Moyano (Madrid: Cátedra, 1993).

Varela, Francisco, Evan Thompson, y Eleanor Rosch, *The Embodied Mind. Cognitive Science and Human Experience* (Cambridge, UK: The MIT Press, 1993).

——, y Humberto Maturana, *Autopoiesis and Cognition. The Realization of the Living* (Dordrecht-Holland: D. Reidel Publishing Company, 1980).

——, y Humberto Maturana, *De Máquinas y Seres Vivos: Una teoría sobre la organización biológica* (Santiago de Chile: Editorial Universitaria, 1973).

Venkatraman, Anand, Brian L. Edlow, y Mary Helen Immordino-Yang, 'The Brainstem in Emotion: A Review', *Frontiers in Neuroanatomy* 11/15 (2017), 1–12. doi: http://dx.doi.org/10.3389/fnana.2017.00015

Von Foerster, Heinz, 'Das Konstruieren einer Wirklichkeit', en Paul Watzlawick, ed., *Die erfundene Wirklichkeit. Wie wissen wir, was wir zu wissen glauben? Beiträge zum Konstruktivismus* (München: Piper, 1985), 39–60.

——, 'Thoughts and Notes on Cognition', en Paul L. Garvin, *Cognition: A multiple View* (New York: Spartan Books, 1970), 25–48.

Von Glasersfeld, Ernst, 'Einführung in den radikalen Konstruktivismus', en Paul Watzlawick, *Die erfundene Wirklichkeit. Wie wissen wir, was wir zu wissen glauben? Beiträge zum Konstruktivismus* (München: Piper, 1985.), 16–38.

——, 'On the concept of Interpretation', *Poetics* 12 (1983), 207–218. https://doi.org/10.1016/0304-422X(83)90028-1

——, 'Signs, Communication and Language', *Journal of Human Evolution* 3 (1974), 465–474. doi: https://doi.org/10.1016/0047-2484(74)90006-2

Walton, Kendall Lewis, 'How Remote are Fictional Worlds from the Real World?', *The Journal of Aesthetics, Arts and Criticism* 37/1 (1978), 11–23.

Weber, Max, *Economía y Sociedad*, ed. Johanes Winckelmann, trad. José Medina Echevarría, Juan Roura Farella, Eugenio Ímaz, Eduardo García Máynez y José Ferrater Mora (México: Fondo de Cultura Económica, 2002).

Bernard Weinberg, *Estudios de poética clásica*, ed. Javier García Rodríguez, trad. Pedro Conde Parrado y Javier García Rodríguez (Madrid: Arco/Libros, 2003), 205–209.

White, Hayden, El *texto histórico como artefacto literario*, trad. Veróniza Tozzi y Nicolás Lavagnino (Barcelona: Paidós, 2015).

Wittgenstein, Ludwig, *Last Writings on the Philosophy of Psychology*, eds G.H. von Wright y Heikki Nyman, trads. C. G. Luckhardt y Maximilian A. E. (Oxford: Basil Blackwell, 1982).

Zunshine, Lisa, *Why We Read Fiction: Theory of Mind and the Novel* (Colombus: The Ohio State University Press, 2006).

PERSPECTIVAS HISPANICAS

1. Markus Fischer: *Was unsfehlt. Utopische Momentein Juntacadáveresvon Juan Carlos Onetti.*1995. 308 p.
2. Peter Fröhlicher: *La mirada recíproca. Estudios sobre los últimos cuentos de Julio Cortázar.* 1995. 260 p.
3. Peter Fröhlicher, Georges Güntert (eds.): *Teoría e interpretación del cuento.* 1995, 2a edición 1996. 501 p.
4. Sabine Köllmann: *Literatur und Politik – Mario Vargas Llosa.* 1996. 400 p.
5. Pedro Ruiz Pérez: *El Espacio de la Escritura. En torno a una poética del espacio del texto barroco.* 1996. 312 p.
6. María-Paz Yáñez: *Siguiendo los hilos. Estudio de la configuración discursiva en algunas novelas españolas del siglo XIX.* 1996. 215 p.
7. José Cebrián (ed.): *José de Viera y Clavijo – Los aires fijos.* Edición crítica. 1997. 235 p.
8. Cristóbal Pera: *Modernistas en París. El mito de París en la prosa modernista hispanoamericana.* 1997. 207 p.
9. Dolores Romero López: *Una relectura del "Fin de Siglo" en el marco de la literatura comparada: Teoría y praxis.* 1998. 204 p.
10. Robin Lefere: *Borges y los poderes de la literatura.* 1998. 278 p.
11. Alessandro Martinengo: *El "Marco Bruto" de Quevedo. Una unidad en dinámica transformación.* 1998. 129 p.
12. Daniel Mesa Gancedo: *La apertura órfica. Hacia el sentido de la poesía de Julio Cortázar.* 1999. 334 p.
13. Ulrich Prill: *"Wer bist du – alle Mythen zerrinnen". Benito Pérez Galdós als Mythoklast und Mythograph.* 1999. 302 p.
14. Niall Binns: *Un vals en un montón de escombros. Poesía hispanoamericana entre la modernidad y la postmodernidad.* 1999. 175 p.
15. Bénédicte Vauthier: Niebla *de Miguel de Unamuno: a favor de Cervantes, en contra de los 'cervantófilos'. Estudio de narratología estilística.* 1999. 200 p.
16. Alicia Molero de la Iglesia: *La autoficción en España: Jorge Semprún, Carlos Barral, Luis Goytisolo, Enriqueta Antolín y Antonio Muñoz Molina.* 2000. 421 p.

17. Peter Fröhlicher, Georges Güntert, Rita Catrina Imboden, Itzíar López Guil (eds.): *Cien años de poesía. 72 poemas españoles del siglo XX: estructuras poéticas y pautas críticas.* 2001. 838 p.
18. Enrique Andrés Ros Domingo: *Arthurische Literatur der Romania: Die iberoromanischen Fassungen des Tristanromans und ihre Beziehungen zu den französischen und italienischen Versionen.* 2001. 519 p.
19. Rita Catrina Imboden: *Carmen de Burgos «Colombine» y la novela corta.* 2001. 303 p.
20. Marisol Morales Ladrón: *Las poéticas de James Joyce y de Luis Martín-Santos. Aproximación a un estudio de deudas literarias.* 2005. 336 p.
21. Dora Sales Salvador: *Puentes sobre el mundo: Cultura, traducción y forma literaria en las narrativas de transculturación de José María Arguedas y Vikram Chandra.* 2004. XV, 677 p.
22. Joana Sabadell-Nieto, Jon Kortazar, Lucía Fraga y José M. Paz Gago (eds.): *Cien años de poesía. 53 poemas en catalán, gallego y vasco: estructuras poéticas, pautas críticas.* 2007. 594 p.
23. María José Bruña Bragado: *Delmira Agustini: Dandismo, género y reescritura del imaginario modernista.* 2005. 246 p.
24. María P. Tajes: *El cuerpo de la emigración y la emigración en el cuerpo: Desarraigo y negociación de identitad en la literatura de la emigración española.* 2006. 206 p.
25. Nathanial Gardner: *Through Their Eyes: Marginality in the Works of Elena Poniatowska, Silvia Molina and Rosa Nissán.* 2007. 217 p.
26. Dolores Romero López, Itzíar López Guil, Rita Catrina Imboden, Cristina Albizu Yeregui (eds.): *Seis siglos de poesía española escrita por mujeres: pautas poéticas y revisiones críticas,* 2007. 549 p.
27. José Manuel González Álvarez: *En los " bordes fluidos". Formas híbridas y autoficción en la escritura de Ricardo Piglia,* 2009. 309 p.
28. Emilio Martínez Mata: *Cervantes on* Don Quixote, 2010. 204 p.
29. Itzíar López Guil: *Poesía religiosa cómico-festiva del bajo Barroco español. Estudio y antología,* 2011. 463 p.
30. Hans Lauge Hansen y Juan Carlos Cruz Suárez (eds.): *La memoria novelada. Hibridación de géneros y metaficción en la novela española sobre la guerra civil y el franquismo* (20002010), 2012. 270 p.
31. Jaime Céspedes Gallego: *La obra de Jorge Semprún. Claves de interpretación. Vol. I: Auto-biografía y novela. Prólogo de Marie-Claude Chaput,* 2012. 260 p.
32. Rita Catrina Imboden: *Cuerpo y poesía. Procesos de presentificación del cuerpo en la lírica mexicana del siglo XX,* 2012. 306 p.
33. Juan Carlos Cruz Suárez y Diana González Martín (eds.): *La memoria novelada II: Ficcionalización, documentalismo y lugares de memoria en la narrativa memorialista española,* 2013. 301 p.
34. Jaime Céspedes Gallego: *La obra de Jorge Semprún. Claves de interpretación. Vol. II: Cine y teatro,* 2015. 227 p.
35. Juan Carlos Cruz Suárez: *Ojos con mucha noche: Ingenio, poesía y pensamiento en el Barroco español,* 2014. 306 p.

36. Jesús Montoya Juárez (ed.): *Territorios del presente. Globalización, tecnología y mímesis en las narrativas hispánicas del siglo XXI.* En producción.
37. Alfonso Martín Jiménez: *Literatura y ficción. La ruptura de la lógica ficcional*, 2015. 324 p.
38. Juan Carlos Cruz Suárez, Hans Lauge Hansen y Antolín Sánchez Cuervo (eds.): *La memoria novelada III: Memoria transnacional y anhelos de justicia*, 2015. 381 p.
39. Juan F. García Bascuñana (ed./éd.): *Jorge Semprún: memoria, historia, literatura/ Jorge Semprún: mémoire, histoire, littérature*, 2015. 234 p.
40. Iratxe Esparza Martin & José Manuel López Gaseni (eds.): *La identidad en la literatura vasca contemporánea*, 2015. 223 p.
41. Jesús Montoya Juárez y Natalia Moraes Mena (eds.): *Territorios del presente: Tecnología, globalización y mímesis en la narrativa en español del siglo* XXI, 2017. 250 p.
42. María Luzdivina Cuesta Torre (ed.): *«Esta fabla compuesta, de Isopete sacada»: Estudios sobre la fábula en la literatura española del siglo XIV*, 2017. 167 p.
43. Paloma Ortiz de Urbina (ed.): *Cervantes en los siglos XX y XXI: La recepción actual del mito del «Quijote»*, 2018. 368 p.
44. Gina Maria Schneider: *Leer el espacio celeste. Un estudio de las figuras del cielo en "La realidad y el deseo" (1924–1962) de Luis Cernuda*, 2018. 426 p.
45. Sylvie Turc-Zinopoulos: *Julia Codorniu (1854–1906) o el drama de familia en el meollo de la escritura*, 2019.
46. Itzíar López Guil y Dayron Carrillo Morell (eds.): *El título del poema y sus efectos sobre el texto lírico iberoamericano*, 2020.
47. Francisco Morales Lomas (ed.): *La narrativa elocuente de Antonio Muñoz Molina*, 2022.
48. Ana Rodríguez Callealta: *"Ya no será la paz". Acercamiento a la obra poética de Ada Salas en su primera etapa (1988-2003)*, 2023.
49. Gemma López Canicio: *Hablar sobre lo que no existe, Ficción, arte y literatura desde las Ciencias Cognitivas*, 2025.

www.ingramcontent.com/pod-product-compliance
Ingram Content Group UK Ltd.
Pitfield, Milton Keynes, MK11 3LW, UK
UKHW021901290926
8980IPUK00015B/989

9 783034 353069